本书系海南省社科联"海南省自由贸易港邮轮游艇研究基地"课题成果

海洋经济学读本

◎ 主　编　廖民生

U0189889

中国海洋大学出版社

·青岛·

图书在版编目(CIP)数据

海洋经济学读本 / 廖民生主编 . —青岛：中国海
洋大学出版社，2019. 9（2022. 4 重印）
ISBN 978-7-5670-2441-0

Ⅰ ①海… Ⅱ . ①廖… Ⅲ . ①海洋经济学 Ⅳ .
① P74

中国版本图书馆 CIP 数据核字（2019）第 225396 号

出版发行	中国海洋大学出版社		
社　　址	青岛市香港东路 23 号	邮政编码	266071
出 版 人	杨立敏		
网　　址	http://pub.ouc.edu.cn		
电子信箱	wangjiqing@ouc-press.com		
订购电话	0532-82032573（传真）		
责任编辑	王积庆	电　　话	0532-85902349
装帧设计	青岛汇英栋梁文化传媒有限公司		
印　　制	蓬莱利华印刷有限公司		
版　　次	2019 年 11 月第 1 版		
印　　次	2022 年 4 月第 2 次印刷		
成品尺寸	170 mm × 230 mm		
印　　张	12.5		
字　　数	182 千		
印　　数	2001—4500		
定　　价	38.00 元		

　　21世纪是海洋的世纪。海洋是生命的摇篮,是地球上生物的诞生源地;海洋是风雨的故乡,对全球气候起着巨大的调控作用;海洋是交通的要道,为人类物质和精神文明交流做出了重大的贡献;海洋是资源的宝库,蕴藏着极为丰富的生物资源、矿产资源、化学资源、水资源和能源;海洋是国防前哨,海洋环境对海上军事活动有很大影响;海洋还是认识宇宙,发展自然科学理论的理想试验场。占地球表面71%左右面积的海洋孕育了地球生物和人类。海洋在人类的生存和发展中占有极其重要的位置,海洋经济、海洋科技创新、海洋权益、海洋能源、航运与海洋旅游、海洋生物资源与开发利用、气候变化、环境污染与海洋灾害防治、国家安全与海洋军事利用、海洋文化遗产等关系经济社会可持续发展的全局性、战略性的问题都让世界各国的领导人、政府机构、商业机构、军队等高度重视海洋,关心海洋,经略海洋。

　　海洋是人类生存和发展的战略要地,人们对海洋资源的利用、开发和保护组成了海洋经济的主要内容。联合国《21世纪议程》指出,海洋是全球生命支持系统的一个基本组成部分,是一种有助于实现可持续发展的宝贵财富。海洋经济正在并将继续成为全球经济的增长点。海洋也已成为国际经济、军事、科技竞争的主战场;美、英、日等发达国家利用高新科学技术展开了新一轮科技革命和产业变革,对于海洋资源和空间的争夺也日趋白热化;海洋成为当今全球竞争的一个大舞台、新疆域。为此,美国、英国、日本、俄罗斯、澳大利亚、印度等国家纷纷制定了本国的海洋战略规划、研究计划、开发计划、行动计划等,以求从海洋中获取最大的利益和价值实现。

　　加强对海洋的开发、利用、保护,关系到国家的前途和命运,关系到中华民族的伟大复兴进程,关系到人类命运共同体的构建。早在秦代就有徐福东渡日本,开辟我国海上经济文化交流新疆域的史实。在明初,郑和七下西洋掀开了中国海洋经济文化发展和交流的新篇章,让明代的中国成为当时世界海洋第一大国。郑和下西洋之后,明朝和清朝政府采取了闭关锁国的海禁政策,丧失了国家的海洋优势和权益,国家日益衰败。新中国成立之后,历代中央领导集体都高度重视海洋;经历了 70 年艰苦卓绝的不懈拼搏,国家海洋经济实力逐渐发展壮大。党的十八大提出"建设海洋强国"的战略;党的十九大提出"坚持陆海统筹,加快建设海洋强国";2018 年 6 月青岛上合组织峰会之后,习近平总书记视察海洋试点国家实验室时指出:"建设海洋强国,我一直有这样的一个信念。"国家的顶层设计和战略部署对于推动海洋经济持续健康发展,对于维护国家主权、安全、发展利益,对于实现全面建成小康社会目标,进而实现中华民族伟大复兴,构建人类命运共同体都具有重大而深远的意义。

海洋经济学作为一门相对年轻的经济学分支,其内容涉及经济学、管理学、海洋科学、社会学、统计学、生态环境学、地理学、地球科学等方面和领域,属于多学科交叉和融合而成的新兴学科门类。就学术界而言,其研究的视角和方法多元化,数据挖掘和技术手段在不断创新,但缺乏统一的理论框架和学科体系。同美、英海洋经济研究学术前沿相比较,国内目前的研究和发展需要加快步伐、紧跟全球海洋经济发展的形势,对国内外海洋经济理论和实践深度凝练与总结,形成具有中国特色、中国风格的海洋经济学科体系。

2015 年 9 月,琼州学院经过教育部批准正式更名为海南热带海洋学院,学校的定位是面向南海、面向东盟、面向国际旅游岛、面向产业,培养具有家国情怀、国际视野的高水平人才、开展科学研究、文化传承、服务国家海洋强国战略和地方重大战略需求、开展国际合作等。学校目标是建设国际一流水准的海洋大学。教材建设是学科建设的基础,必须有高质量高水平的教材和教学参考书,才能助力一流学科和专业的发展,才能将追求卓越的科学探索精神贯穿一流大学建设的始终。为了给我校本科生和研究生及其他海洋类高校的青年学子提供一本了解海洋经济基本知识的通识教材,我们组织校内外的老师着手编写《海洋经济读本》。由于新兴分支学科可借鉴成果较少,承担这个任务的老师们广泛收集国内外的文献和资料,深入研究和思考、艰苦探索,克服撰写时间比较紧,教学和科研任务比较重等现实困难,把自己的思考成果奉献于世,体现了作为学人依海图强、谋海济国、服务社会的初心和情怀、责任与担当。

本书的基本框架由廖民生设定,按照团队共同讨论,各章节分别推进的模式,鲁晓丽负责协理和联络;成书后修改和统筹也由廖民生负责。本书各章节写作的具体分工是:巫钢,第一章;谢强、巫钢、韩秋影,第二章;张丹丹,第三章;江军,第四章;鲁晓丽,第五章;肖垚垚,第六章;谢镕键,第七章;张小凡（中国海洋大学），第八章。

　　编写《海洋经济学读本》的过程,对于我们来说;既是一个求知和探索、学习的过程,也是一个同国内外的专家学者交流和沟通的过程。我们参考和充分吸收了国内外已有的科学研究成果,并在内容和结构上进行了一些探索和创新。由于编写人员视野、能力和水平的限制,难免存在缺陷和不足,恳请专家、同行和读者批评指正,以便在下一次修订时补充、丰富和完善。借此书付梓之际,谨向支持此书出版的海南热带海洋学院、中国海洋大学出版社致以衷心感谢。

廖民生

青岛浮山湾秋实斋

2018-11-10

●●● Contents 目 录

第一章

绪 论

第一节 海洋经济学研究背景与研究意义

一、海洋经济的产生

海洋是地球上最广博水体的总称,约占据地球表面积的71%。人类的诞生和发展,离不开对海洋的利用。据考证,人类社会的海洋经济活动已有几千年的历史了,早期的海洋经济活动仅局限于"兴渔盐之利,行舟辑之便"。自20世纪60年代开始,世界各国尤其是临海国家将海洋开发作为基本国策,竞相制定海洋"开发规划"和"战略计划"。如1960年法国总统戴高乐提出"向海洋进军"的口号,美国制定《海洋战略发展计划》,英国颁布《海洋科技发展战略》,日本提出《海洋开发推进计划》,韩国则把海洋作为其民族的"生活海、生产海、生命海"。

在新技术革命的推动下,世界海洋经济的发展突飞猛进。有资料显示,20世纪60年代末,世界海洋经济产值仅130亿美元,70年代初为1 100亿美元,1980年为3 400亿美元,1992年为6 700亿美元,2001年达到13 000亿美元。在30多年里,海洋产值每十年就翻一番,增长速度远远高于同期GDP的增长。海洋经济在世界经济中的比重,1970年占2%,1990年占5%,目前已达到10%左右,预计到2050年,这一数值将上升到20%。

在海洋经济发达国家,海洋渔业虽然仍是一个重要产业,但在海洋经济中的比重已大大缩小,美、日、英等国已降到10%以下。以高技术支撑的近

1

海油气业、临港工业,以及滨海旅游业、现代物流业和生产性海洋服务业的迅猛发展,已成为现代海洋经济发展的主体,海洋产业结构呈现出高度化趋势。

较早开展海洋经济研究的国家,不约而同地在本国建立专门的海洋经济研究机构,并由这类机构负责开展本国海洋经济的全方位研究,研究制定适合本国海洋经济发展的方针、政策。以法国、美国、英加拿大、苏联为例,由于较早开展海洋经济研究,均取得了令人瞩目的研究成果,对海洋经济研究的先期介入优势也使得这些国家对海洋的开发和利用走在了世界前列。这些国家对海洋经济的研究成果充分证明了海洋对国民经济发展的贡献,至此,21世纪的世界海洋经济研究逐渐进入成型的快速发展阶段。

实践是理论的基础和源泉,每一时代的理论思维都是历史的产物。和任何新学科一样,海洋经济学的创建不是某个个体的心血来潮,而是当代海洋经济大发展的客观要求。20世纪中叶以来。随着陆地资源、人口、环境问题日益严重,海洋开发已不仅仅是天然岛国关注的事业,而是成了世界范围经济、环境建设的主题之一。

恩格斯说:"和任何新的学说一样,它必须首先从已有的思想材料出发,虽然它的根源深藏在经济的事实中。"这就告诉我们:海洋经济学学科的建立和发展最根本的条件是理论客体——海洋经济本身的发育,直接的条件是有关海洋经济思想材料的积累。从世界各国的实践来看,随着对海洋经济研究的不断深入,各国逐渐认识到海洋经济对国民经济发展的重要性。

从1960年法国提出"向海洋进军"开始,并成立了第一支海洋经济研究团队——海洋开发研究中心,才真正拉开了人类对海洋经济及海洋管理研究和探索的序幕。与此同时,美国、日本和苏联等国的学者也在海洋经济研究方面取得了一定成绩。美国罗德岛大学教授 Rorholm 早在1963年就展开了纳拉干塞特湾对经济影响的研究;1967年,又开展了海洋经济活动影响的研究,并首次运用投入产出法分析了海洋产业的地位和海洋经济活动影响的研究。1972年,美国通过了世界上第一部综合性海岸带法《海岸带管理法》,随后在1974年,美国经济分析局提出了"海洋经济"和海洋"GDP"的概念和核算方法。1977年,苏联学者布尼奇提出了"大洋经济"概念,从经济学角度对海洋经济的效益、作用、前景等问题进行了分析,为海洋经济研究和海洋经济学科的进一步发展奠定了基础。

中国海洋经济研究主要是在改革开放以后,从海洋经济的实际出发,结合中国对海洋经济事业发展的客观要求,以著名经济学家于光远、许涤新等为先驱,提出开展我国海洋经济研究的观点,并从不同的角度开始对我国海洋经济研究进行了初步探索,为下一步研究的深入开展提供了良好的理论和实践基础。他们在 1978 年全国哲学社会科学规划会议上,建设性的提出创建"海洋经济"学科和专门研究机构来推进我国海洋经济事业发展的观点。党和国家加大了我国海洋经济研究的支持力度:1981 年和 1982 年,由中国海洋国际问题研究会牵头,在国家海洋局和中国社会科学院的大力支持下,以"海洋经济"研究为主题开展了两次大规模的学术会议,与会专家学者集思广益从不同的角度提出了我国开展海洋经济研究的方法和步骤。在会议基础上出版了论文集《中国海洋经济研究》(张海峰主编,1982),该论文集的正式出版标志着我国海洋经济理论研究的开始。20 世纪 90 年代之后,中国的海洋经济得到了突飞猛进的发展,海洋经济研究也逐渐转向对实际应用领域的关注。1996 年,国家正式发布了《中国海洋 21 世纪议程》随着国内学者对西方经济思想和方法研究的深入,学者们开始将陆域经济中的具体理论应用至海洋经济发展实践中,海洋经济的理论也逐渐得到了充实,初步形成了最基本的海洋经济研究框架。

进入 21 世纪后,国内学者逐渐将现代经济学理论和可持续发展理论应用于海洋经济的研究领域,形成了海洋经济学。海洋经济学的研究范畴由原来的应用经济学扩展到基础理论与实际应用并重。当前,我国主要使用"海洋经济学"称谓,主要从生产关系和生产力促进两个方面进行分析,这说明海洋经济学在我国已经初步形成一门相对独立并在不断完善的学科。

二、中国海洋经济发展背景

(一)沿海地区经济要素高度集聚

经济要素的集聚受到多种因素的影响,良好的地理、自然条件和交通、通讯等基础设施因素是带动经济要素集聚的必要条件,从历史经验来看,沿海地区总是先于内陆地区实现经济要素的高度集聚。中国广袤的沿海地区在具备了实现经济空间集聚和发展的自然、地理条件,实现了经济要素的高度集聚。

（二）海洋是经济可持续发展的物质基础

中国拥有大陆海岸线长达 18 000 多千米,可管辖的海洋面积约为 300 万平方千米,相当于我国陆地面积的 1/3 左右,作为世界海洋大国,中国的海洋蕴藏着丰富的海洋资源,海洋经济的发展已经在整个国民经济序列中占有重要的地位,开展对海洋资源的高效可持续利用研究,对于新常态下实现我国经济转型和海洋经济事业的繁荣具有重要作用。

（三）拓展蓝色经济空间被列入国家"十三五"规划

2016 年 3 月发布的《国民经济和社会发展第十三个五年规划纲要》中首次以"拓展蓝色经济空间"之名单列一章,分 3 节详述海洋经济的战略地位。这里的海洋经济主要指有海岸线的省份和地区,围绕海洋经济开发,其中主要包括海洋科技应用(以海水淡化为主等)、深海资源利用(生物医药等)等开展试点工作,探索海洋资源如何优化开发,协调海陆管理体制、海上安全,同时也要保护海洋生态环境等海洋资源的保护、海洋权益的维护等。这充分表明,我国已经从战略高度加强了对海洋经济的顶层设计,在"十三五"期间中国在海洋资源资源开发、保护、权益维护方面将显著加强。

（四）国际海洋争夺日益激烈

由于地球资源的有限性和世界各国对海洋经济研究的不断深入,从 20 世纪 90 年代开始,世界海洋经济竞争态势空前高涨。其中主要以海洋高新技术和海洋新兴产业竞争最为瞩目。世界海洋经济强国为了保持竞争优势,从不同的方面对本国的海洋经济进行了调整。以美国为例,美国在海洋经济技术和海洋新兴产业竞争中具有国际领先优势,涉及领域包括海洋工程技术、海洋生物、海洋医药、海洋风力发电、邮轮经济、海洋旅游等诸多方面。美国政府下大力气对海洋产业进行新一轮的产业布局和调整。此外,加拿大和澳大利亚也加大了海洋经济的财政投入,力争在较短时间内将本国的海洋经济产业提升到一个新高度。

因此,我们可以预见,在不远的将来海洋经济竞争将更加激烈;但也要看到,当前我国对海洋经济研究还不够深入,投入力度和扶持力度也不够强大。为保证我国在激烈的国际海洋竞争中占据有利地位,促进我国海洋经济产业的健康、稳定发展,为新常态下我国经济转型做好有力补充,我国应进一步加大对海洋经济的重视程度,进一步加强海洋经济顶层设计,科学有序地推进"海洋强国"战略和"一带一路"倡议,争取早日实现我国海洋经济现代化。

三、研究意义

(一)理论意义

海洋经济作为经济学的一个新兴的学科,也像经济学一样具有多学科交叉特征,在理论探索上还处于不断深入、完善的过程,学术界还无法实现统一的理论体系。当前关于海洋经济的研究脉络和理论框架,是在综合了经济学、管理学、环境学、地理学等众多基础学科的基础上来进一步演绎和发展。本书对我国 20 多年来海洋经济研究脉络进行了翔实的梳理,力争勾勒出我国海洋经济研究的发展变化轨迹和各时期的研究特点,为我国海洋经济研究的理论探索夯实基础,为我国海洋经济的繁荣发展做出有益的理论指导。

(二)现实意义

20 多年来,我国不断对海洋经济研究进行理论和实践探索。特别是 2012 年党的十八大提出了海洋强国战略。与 20 年前相比,我国海洋经济产业占 GDP 比例已经有了一个较大幅度的提升。2016 年,中资巴基斯坦港口瓜达尔港的正式开行,对我国海洋经济实践具有重大而深远意义。这在一定程度上表明,我国海洋经济产业已经有了长足发展。但我们还要认识到,当前我国海洋经济产业发展与世界海洋强国还具有较大差距,在微观和中观领域仍存在一些亟待解决的问题和亟须突破的瓶颈,特别是在海洋新兴产业和海洋战略性产业方面,还缺乏技术和人才储备。当前方兴未艾的第三次世界海洋经济发展浪潮表明,世界各国早已经把海洋经济研究放在战略地位来考量。因此,越早开展海洋经济的研究,越有利于我国把握海洋经济发展的主动权,越有利于带动我国海洋经济产业的健康稳定发展,越有利于我国实现世界海洋强国的中国梦。

第二节　海洋经济学研究内容和特点

一、海洋经济学概念

（一）海洋经济概念的综合与提升

21 世纪以来的海洋经济概念，逐步显现出了海洋经济概念的升级过程，该过程包括从对陆域经济体系的附庸到与其相对立的新的经济体系，再到综合考虑海陆经济一体化因素。初期的大部分学者对其进行定义时仍旧是从资源经济的角度出发，将其看作是陆域经济的附属，甚至有人将海洋经济等同于区域经济。还有学者理解海洋经济的内涵时从沿海区域资源经济、产业经济和滨海区域经济三者结合的角度出发，认为"从科学、系统的角度理解，它是对沿海区域资源经济、产业经济和滨海区域经济的有机综合"。也有部分学者在坚持资源经济论的基础上，同时也注意到了以海洋空间作为活动场所的经济行为规模不断上升的客观现实，并将其纳入自身的理论中去，或者是从资源开发角度出发，从产业发展的角度对海洋经济进行定义，将其视为围绕海洋资源进行的一系列生产、分配、交换、消费活动的总和以及其所形成的一系列上下游产业。在经济体系上，徐质斌等学者将海洋经济从陆地经济中剥离出来，使其成为一个具有同等地位的独立的经济体系，这一做法从客观上表明了研究海洋经济这一特殊的经济体系的必要性。也有学者从海洋经济与陆地经济的对立着手，从区域角度来确定海洋经济的范畴，并认为泛义上的海洋经济主要是指与海洋经济难以分割的海岛上和海岸带的陆域产业及河海体系中的内河经济等，包括海岛经济和沿海经济。

《中国海洋经济统计公报》中所指的海洋经济是指开发、利用和保护海洋的各类产业活动，以及与之相关联的所有活动的总和，该概念体现出了较为综合的海洋经济的定义特征。徐质斌教授对于海洋经济的重新定义是：从一个或多个方面来利用海洋的经济功能的经济，是与海洋有依赖关系的各种经济的总称，包括于海洋有依赖关系的活动场所、资源依托、销售对象、服务对象、初级产品原料等。

从该定义可以看出海洋经济概念综合与提升的特征。随着对实践和理论的深入研究，海洋经济成为一个综合性、多学科的概念是从最初的基本概念逐渐发展来的。海洋经济不仅是研究海洋开发和保护中各种经济关系及其发展规律的科学，也是海洋开发活动发展到一定阶段的理论表现，即海洋经济是以开发、利用、保护海洋资源为主线，来研究海洋生产、流通、分配、消费等经济活动的过程，从而揭示人们的经济关系、经济形式、经济运动特点和发展规律，为海洋经济的发展服务。

（二）海洋经济与海洋经济学

从概念的广义和狭义出发，海洋经济分为广义海洋经济和狭义海洋经济两种。广义海洋经济是指人类在涉海经济活动中利用海洋资源所创造的生产、交换、分配和消费的物质量和价值量的总和，包括直接的海洋产业和间接的海洋产业，而狭义海洋经济只包含直接的海洋产业，通常也叫作海洋产业经济。从这一定义上来看海洋经济的广义和狭义之分是从海洋产业的涉及广度上来区分的。

从海洋经济的活动范围出发，海洋经济不仅是指在海洋及其空间上进行的一切经济性开发活动，还包括直接利用海洋资源进行生产加工以及对海洋进行开发、利用、保护和服务而形成的经济。海洋经济是人们为了满足社会经济生产的需要，将海洋以及海洋资源作为劳动对象，通过一定的劳动投入而获取物质财富的经济活动的总称。简而言之，海洋经济就是海洋开发活动的物质成果。

海洋经济学是以经济学的思想和观点，观察和分析人们配置海洋资源的各种行为，研究各种经济主体如何利用海洋资源实现其利益、效用最大化等经济活动的总称。海洋经济学作为经济学的新兴综合性分支学科，不仅具有应用经济学的属性，同时也属于海洋基础理论经济学范畴。它是在理论经济学基本原理的基础上进行海洋经济活动的实践，并在实践的基础上不断地进行经验总结、理论抽象、发现客观规律，对海洋资源的开发和利用具有重要的理论和实践意义。

二、海洋经济学的研究特点和研究对象及其拓展

（一）研究特点

海洋经济学作为经济学的一门新兴的综合性基础学科，既属于应用经济

学范畴,也属于海洋基础理论经济学范畴。它是把理论经济学的基本原理应用于海洋经济活动的实践,在实践的基础上进行经验总结、理论抽象提示客观规律,并为海洋资源的开发、利用和海洋环境的保护服务的综合性基础学科。根据海洋经济学的学科性质以现代经济学理论和可持续发展理论为依据,现代海洋经济学的研究包括以下几个方面。

一是海洋经济学微观研究。微观层面研究旨在揭示某区域海洋产业背景下具有一般性的微观主体经济行为及其交互特征。主要运用微观经济学理论研究海洋资源优化配置的市场机制。其中包括:微观海洋经济行为主体的行为、海洋产品市场的供给与需求,海洋资源的产权分析与制度设计,海洋资源的有效配置。

二是海洋经济学中观研究。海洋资源开发总是表现为产业形式和空间状态,因此海洋经济发展状态必须要从海洋产业及其空间布局来描述。海洋经济中观层面作为联系海洋宏观、微观经济的中间形态。从产业角度看,主要研究不同海洋产业的总量特征,各产业细类之间的关联和产业经济管理及政策基本模式。从区域角度看,主要研究反映一国涉海区域的总量特征,各区域单元之间的关联和涉海区域经济管理与政策的基本模式。

三是海洋经济学的宏观研究。海洋宏观层面旨在从整体角度考察一国海洋经济的聚合特征与政策模式,它侧重从总量角度研讨一国海洋经济总体增长与发展议题。因此海洋经济学宏观层面研究的主要内容:首先包括海洋宏观经济的总量分析。海洋宏观经济学将海洋经济系统作为一个整体来进行研究,主要是对海洋经济活动的总量进行分析,探求海洋经济总量供给与总量需求的均衡,尤其是要研究海洋经济在整个国民经济中的地位和作用,构建海洋经济核算体系。其次包括海洋经济政策与海洋经济管理。海洋宏观经济学研究的主要任务在于通过理论研究提出相应的海洋政策主张以确保海洋经济增长的稳定,因此研究政府在海洋经济发展中的地位及作用尤为重要。

(二)海洋经济学研究对象及其拓展

1.海洋经济学研究范畴

一是研究海洋经济制度,包括海洋产权制度、海域使用权制度和海洋经济管理体制;二是研究海洋经济资源及其配置,包括海洋经济资源构成、海洋经济资源配置和海洋功能区划;三是研究海洋区域经济,包括海岸带区域经济、海岛区域经济、国家管辖海域经济、公海和国际海底经济和海洋区域经济发展规划;四是研究海洋产业经济,包括海洋产业结构、海洋渔业、海洋工业、海洋服务业、海洋新兴产业和海洋产业结构调整与优化;五是研究海洋产品市场,包括海洋产品市场基本理论、海洋产品市场体系、海洋产品市场分析;六是研究海洋经济可持续发展,包括海洋资源开发利用、海洋生态建设、海洋环境保护、海洋灾害防治和海洋科学技术产业化发展;七是海洋经济效益评价,包括海洋经济效益评价理论、海洋宏观经济效益评价、海洋产业经济效益评价、海洋企业经济效益评价、中国海洋经济对国民经济发展贡献的分析等;八是研究国际海洋经济关系,包括国际海洋秩序、国家海洋权益的维护和海洋经济的国际合作(朱坚真,2010)。

2. 海洋经济的基本问题

海洋经济主要包括其研究对象、研究目标与任务、研究内容、学科性质、研究方法、理论基础等基本问题。其中理论基础主要指可以纳入海洋经济学理论体系或与海洋经济特点相适应,可以指导海洋经济学理论体系构建的现有理论。这些理论部分来源于现有一般经济理论,如产权理论、公共产品和外部性理论、可持续发展理论、公共选择理论、博弈论等,部分来源于现有海洋经济学相关分支学科,如陆海统筹理论、海域承载力理论等。

3. 海洋生产要素

生产要素是经济学学科的一个基本概念,研究海洋经济,离不开对海洋经济要素主要是海洋生产要素的研究。海洋生产要素是海洋经济活动开展所需要的各种海洋资源的总称,是维系海洋经济运行和海洋经济市场生产经营过程所必须具备的基本要素,是以海洋为基本依托,在多种力的作用下形成的,大量分布于海洋区域内的,能够被人类不断开发和利用,不断满足人类生存、发展需要的物质和精神需求的自然与社会资源的总和。

4. 海洋产业经济

海洋产业经济是指人类在对海洋生产要素开发利用过程中所形成的各行业的总和。海洋经济产业是海洋经济的主要组成部分,也是海洋经济发展的基础和原始动力。海洋产业经济的发展直接影响海洋经济的发展。根据我国海洋产业经济标准,当前海洋产业主要包括五大类内容。第一类是以海洋渔业为主的,涉及海洋矿产业、滨海旅游业在内的可以直接从海洋获取资源的产业;第二类是指通过对第一类产业获取的海洋资源进行深加工后形成的海洋产业,如海洋水产品加工业;第三类指的是将产品和服务运用于具体的海洋和海洋开发活动中的海洋产业,如海洋船舶制造业、海洋工程建筑业等;第四类指的是包括海洋运输业、海洋电力业、海水利用业等海洋产业在内的,对海水资源和海洋空间资源进行直接或间接利用的产业;第五类指的是,包括海洋教育、海洋科研、海洋服务等内容在内的,各类与海洋相关的教育、科学研究、服务及管理类海洋产业。

5.海洋区域经济

主要研究海洋经济发展的空间方面,从海陆分离和海陆一体两个维度对海洋经济空间进行划分,并对划分的海洋经济空间进行海洋资源配置。其中海陆分离维度研究在不同的距离要求和法律规定下,对海岸带领海专属经济区和大陆架等不同类型的海洋经济区的开发模式和开发策略。海陆一体维度则是将一国海洋经济空间划分为不同大小、不同级别的海陆综合经济区。这些经济区彼此相对独立又紧密联系,以产业分工为基础形成一国海洋经济活动的地域分工体系,进而对一国海洋经济的整体增长及海洋经济资源的配置效率产生影响。

海洋经济学应从微观海洋经济主体的区位选择行为出发,以探索海洋产业的集聚与扩散规律为线索,加强对海陆互动机制及海洋产业布局机制的分析,深刻揭示海洋经济区的形成发展与演化规律。

6.海洋生态经济

主要运用系统论方法,将海洋生产、海洋产业等要素看作一个生态整体进行分析,研究海洋生态经济的可持续发展,人类与海洋生态经济的相互作用关系等。通过对海洋生态经济系统的结构、功能、变动轨迹、平衡能力及产生的生态经济效益、生态经济的管理和建模等研究,实现海洋生态系统整体经济最优化。这个最优化不仅仅是当前最优,也考虑宏观最优,最终实现人类与海洋生态系统和谐有序发展,在海洋生态平衡的基础上实现海洋经济的可持续发展。海洋生态经济的可持续发展关键在于海洋资源开发利用和海洋生态保护相结合,既要向海洋要效益,又要管控海洋资源的开发利用力度,即要注意海洋生态环境自我恢复能力的阈值。因此,海洋生态经济研究一方面要研究海洋资源和环境承载力的测算方法,包括海洋资源环境承载力的评价指标体系、表征模型、评估技术,并通过设置内生或外生变量的方式将海洋资源环境承载力纳入海洋经济增长模型。探讨可持续发展条件下海洋经济的增长机制和资源配置机制;另一方面要围绕海洋生态价值的核算与补偿,研究海洋生态经济的管理方法。

7. 海洋管理

不同时期的海洋管理具有不同内涵,21 世纪的海洋管理是指一国政府或地区通过制定政策和法律行政手段,对该国海域的海洋资源开发利用、保护等活动进行有目的管控,以达到开发利用海洋资源和保护海洋生态系统的动态平衡状态,最终获得最佳的海洋经济效益和实现海洋经济的可持续发展。从海洋管理的主客体和管理目的出发,可以将海洋管理划分为一般海洋管理和综合海洋管理两类。一般海洋管理是综合海洋管理的初级形式,综合海洋管理是一般海洋管理发展的最终目标。海洋综合管理的主体是政府,由于海洋经济涉及多方面主体和客体,这客观决定了政府作为多主体、客体的协调者和政策制定者角色,来最终维护海洋发展的整体利益,这也可以实现主客体通过海洋获取利益整体最大。海洋一般管理则比较宽泛,是指包括政府在内的海洋经济涉及的所有主体对海洋进行的管理,实现海洋事业的可持续发展,但是这种管理交叉性不强,管理目的单一、具体,这些属性决定了海洋一般管理难以实现海洋综合管理所达到的整体效益最大化目标。海洋一般性管理所面对的客体除具有综合管理客体所具有的共性外,往往还具有特殊的属性。

海洋经济学的研究对象是多元的,具有以下特性。

一是区域性,海洋经济学不是以单一的部门经济为研究对象,而是以海洋这一自然地理单元为基础的一切活动为研究对象,因此,海洋经济学是一门区域经济学。

二是综合性,海洋经济学的发展基础是将多学科进行整合,即将所涉及的经济学、海洋学、地理学、管理学、社会学、科学学、技术学、工程学、生物学、数学、政治学、法学和历史学等多学科知识进行整合。因此,海洋经济学具有综合性的特征。

三是社会性,尽管海洋经济学较多地涉及海洋学、地理学、技术工程学和数学等自然科学,但从主体上来讲仍然属于社会科学,是研究人与人之间的生产关系的科学。

四是应用性,海洋经济学中虽然也有理论层面的内容,但其大多数内容本质上是应用性的,是直接为合理开发利用与保护海洋而服务的。

第三节　中国海洋经济学研究发展历程

新中国成立后中国海洋经济理论的发展,经历了点、线、面、空间系统化理论的发展演化过程。总的来看,我国海洋经济学研究发展历程可以分为以下三个阶段。

一、海洋经济学研究的起步阶段(20 世纪 70 年代—90 年代)

20 世纪 70 年代末,于光远、许涤新等在中国首次提出开展海洋经济研究的观点,提出建立"海洋经济"学科和专门研究机构。起步阶段的海洋经济学研究形式较为单一,主要集中在海洋渔业研究、海洋运业等相关的产业研究和区域经济研究(这两个领域的研究成果约占总数的 80%),对海洋经济产业的研究还不够深入,相关学者和学术著作较少,还不具备学科体系,即仍处于理论探索阶段。

二、海洋经济学的雏形阶段(20 世纪 90 年代)

通过第一阶段打下的坚实基础,第二阶段海洋经济学相关领域学者和学术论文、专著有了长足的发展。各学者从不同的角度,围绕海洋经济学开展产业研究、区域经济研究、海洋地理研究、海洋旅游研究等。但是海洋区域研究和海洋产业研究仍旧占据主导地位。这与该阶段我国经济发展的实际相吻合,改革开放初期经济发展形式还相对单一,产业系统性较差。在组成上,海洋产业研究集中在海洋运业、海洋渔业、海洋旅游业等几个业态上。对海洋技术和海洋新兴产业有了一定认识,初步的研究已经萌芽。其中,海水淡化技术得到了广泛的关注(沿海城市饮用水短缺)。我国首次提出了海洋战略——"建设海上中国"和"海洋强国战略",这标志着海洋经济重要性已经被党和国家高度认可。该时期的海洋经济理论研究呈现出百花齐放百家争鸣的状态。2000年出版发行的《海洋经济学》(孙斌、徐质斌主编)是我国第一部系统、全面介绍海洋经济学的专著。我国海洋经济学初步形成了比较完整的理论体系,为我国海洋经济实践进一步指明了方向。杜碧兰(1997)、罗钰如(1997)等学者从海洋对生态环境及资源约束性出发,研究海洋资源的开发形式和管理模式;张海文、刘文宗、蔡鹏鸿等从政治经济学和法学视角出发,研究海洋资源共享和全球海洋产业发展的国际管理模式;吴万夫(1997)从市场经济学角度提出海洋资源的有偿使用原则;其他学者通过产权理论、地理学、社会学和史学、系统论、马克思主义经济学等角度对海洋资源使用、海洋资产管理模式、跨海洋资源开发和海洋港口及腹地组合开发机制研究等一系列问题进行了深入全面的研究。这些研究进一步丰富和发展了海洋经济学理论,进一步指导了我国海洋经济实践,呈现海洋经济研究的多样化的发展态势。

三、海洋经济学的发展阶段(21世纪以来)

经过前两个阶段理论的不断丰富和完善,该阶段海洋经济研究进一步深入,主要表现为研究领域的进一步拓宽,研究方式的不断丰富,多学科交叉研究取得长足发展,研究内容不断拓展。中国第一部海洋产业标准《海洋及相关产业分类》出版发行,标志着中国海洋经济研究的系统性上升到一个新高度。相关高校设立了海洋经济学学科,覆盖博士、硕士、本科各个阶段。海洋经济理论成果不断涌现,沿海省市不断开展"海洋强省(强市)建设"。海洋旅游业、海岛开发与保护等第三产业占GDP比例明显提升。海洋产业研究在继续加大对传统海洋产业如海洋运业、海洋渔业等研究的基础上,不断加大对海洋高新技术产业和海洋新兴战略性产业的投入力度,不断向发达海洋强国看齐。一大批海洋产业专利和标准诞生,为中国海洋经济产业的快速发展添动力。该阶中国的海洋战略以"海洋强国"为主,结合"一带一路"倡议,打造跨海洋经济合作。在海洋经济理论研究上,陈万灵(2001)、王琪等首次尝试结合中国海洋经济发展实际构建具有社会主义特色的海洋经济学理论；栾维新等（2001、2004）分析了海洋经济地理学研究的进展与展望；与中国经济发展阶段相适应，这一阶段的研究重视海洋可持续发展，如韩增林、刘桂春（2003）对海洋经济可持续发展进行了定量分析并提出相关政策建议；乔俊果、陈东景运用统计工具，探讨了海洋绿色 GDP 核算的方法和基本框架；李娜、吴海川等（2016）对海域价格评估和海域价格确定理论进行了探讨。总的来看，该阶段海洋经济研究呈现出，研究方法多样化，研究领域交叉化，研究视角多元化，并且善于将经济发展实际及学科前沿问题相结合，探索适应我国海洋经济发展，符合我国经济发展实际要求的理论。

第四节　海洋经济学研究方法

一、马克思主义经济学的研究方法

中国海洋经济学研究是建立在社会主义基础上的，因此马克思主义经济学是开展我国海洋经济学研究的第一方法。马克思主义经济学的核心是唯物主义历史观，即社会存在决定社会意识，生产力决定生产关系，海洋经济产业实际决定海洋产业组织关系，这是马克思主义经济学中经济基础决定上层建筑的实际体现。生产力决定生产关系，生产关系决定上层建筑是马克思主义经济学的核心，也是最一般的分析方法，具体分析方法包括抽象、逻辑等。抽象是通过主观思维排除事物所有非本质的、外在的因素，是对事物本质的、共性的性质进行提取的过程。抽象的方法是认识事物本质的基本方法，通过抽象方法的运用，来理解和掌握海洋经济的本质，做到为我所用。叙述方法是一种按照逻辑展开的过程，这一过程的起点是作为研究结果的抽象的、一般的范畴，而它的逻辑进程是一个矛盾发展、解决的演进过程。逻辑与历史统一的方法是把思想逻辑的进程与历史发展的实际进程结合起来的一种方法。因为，历史的起点就是思想进程的开始，思想进程的进一步发展不过是历史过程的抽象的、理论上前后一贯的形式上的反映。实际上，逻辑的方法就是历史的方法，是一种摆脱了历史的形式以及对历史发展起干扰作用的偶然因素的方法。马克思主义经济学的方法除了以上所述的一般方法论和具体的分析与论述方法外,在它的经济学研究中还贯穿着规范经济分析的方法。

二、西方经济学的研究方法

(一)实证分析法与规范分析法

实证分析简单来说就是分析经济问题"是什么"的研究方法。它侧重于分析经济体系是如何来运行的,经济活动的过程和后果以及未来的发展方向,而不考虑运行的结果是否可行。这种方法在使用中,以一定的前提假设和相关经济变量之间的因果关系为依据,对所观察到的事实进行描述、解释或说明,并对将来可能出现的有关现象做出预测,由实证分析方法得出的结论及其检验标准是客观事实。规范分析方法就是对经济运行"应该是什么"进行研究的研究方法。这种方法主要是以一定的价值判断和社会目标为依据,来探讨达到这种价值判断和社会目标的步骤。

(二)均衡研究方法

经济均衡是指经济体系中各种力量处于平衡时的状态。均衡分析方法就是对各种经济变量如何趋于平衡进行研究的方法。马歇尔曾在其《经济学原理》中说明经济的均衡时借用经济力学的研究方法,即通过作用力和反作用力来说明均衡状态和均衡的形成及其变化。因此可以说,均衡研究方法主要研究的是各种经济力量达到均衡所需要的以及保持稳定的条件。尽管影响均衡的条件常发生变动,导致均衡的状态难以达到,但在假定其他条件不变情况下,研究各种力量的均衡方向,仍然是极为有用的。均衡分析方法包括局部均衡和一般均衡。局部均衡分析法是将分析的经济事件分为若干部分,集中考察其中的某一部分,而某些部分即使存在也不进行分析。有人将这种研究方法称之为孤立市场研究,即先对部分进行研究,然后将部分研究结果综合起来得到总体情况。一般均衡分析法分析整个经济体系的均衡时,则侧重于各种经济因素间的相互依存关系,它是由19世纪末的瓦尔拉斯提出的,重视不同市场中各种商品和资源的产量与价格之间的相互关系。如果资源供给状况、消费者偏好、技术函数已知,一般均衡理论便能从数学上证明资源和商品价格通过自行调节来达到彼此相互适应的水平,即均衡状态。

（三）静态和动态研究方法

静态研究方法是将时间因素和变化过程抽象,静止地来分析问题的方法,主要致力于说明什么是均衡状态以及均衡状态所具备的条件,而忽略达到均衡状态的过程以及所需要的时间。当已知条件发生变化以后,均衡状态会由一种状态转化到另一种状态。如果只着眼于前后两个均衡状态的比较,而不考虑从一个均衡点到另一均衡点的移动过程和经济变化中的时间延滞,则被称为比较静态的研究方法。动态分析方法是对经济体系变化运动的数量进行研究,在分析经济事件从前到后的变化和调整过程时引进了时间因素。

三、系统论方法

海洋经济学是以马克思主义哲学为方法论基础,海洋经济经过了远古阶段、古代阶段、近代阶段和现代阶段的漫长发展历史,用历史唯物主义和辩证法来分析海洋经济在不同历史阶段的差别,发现海洋经济学的发展是不同阶段之间相互依存又相互否定的一个辩证发展的过程。系统一词源于古希腊,意指由部分构成整体。系统论是对客观现实系统共同的特征、本质、原理和规律进行研究的科学,系统是处于一定相互联系中的与环境发生关系的各组成成分的总体,所有系统的共同基本特征包括整体性、关联性、结构性等,系统论的基本思想方法就是把所研究和建构的对象作为一个系统,来分析它的结构和功能,并研究系统、要素和环境三者之间的相关关系以及变动的规律性。海洋经济既是一个涉及海洋陆域经济多层次的经济结构和结构体系,也是海洋中各产业各行业相互联系和产生作用的一个有机整体,更是一个开放系统。复杂的海洋经济系统的发育是以丰富的海洋资源生态系统为基础物质支撑,以发达的社会陆域经济系统为拉动,以海洋产业系统为结构,通过需求竞争和科技进步,最终实现海洋经济系统结构的提升,进而推动海洋经济的可持续发展。因此把海洋生物界、海洋经济、陆域经济看成是一个以系统形式存在的有机整体,以系统论的观点找出系统的构成要素,分析系统构成要素间的层次性及各要素的构成,从而揭示区域海洋经济系统的整体性、结构性、层次性和有序性。

思考与练习

1.什么是海洋经济学？海洋经济学有哪些特点？

2.海洋经济学从诞生到发展,在概念上经历了哪些变化？

3.海洋经济学的研究对象是什么？

4.简述国内外海洋经济研究的发展历程。

5.海洋经济研究的主要方法有哪些？

第二章

海洋经济学理论基础

●●●

第一节　海洋经济学理论体系构建

海洋经济学理论发展过程中，研究的重点不断发生着变化。早期的研究注重海洋经济的个别问题或者进行局部分析，随着研究的增多，一部分学者在前人研究的基础上，从全局进行思考，探讨海洋经济理论框架的构建、理论体系的完善。海洋经济学既属于海洋理论经济学范畴，也属于经济学范畴，它是在海洋经济领域中应用经济学原理，并不断总结经验，揭示客观规律，服务于海洋经济发展的综合性学科。根据这种学科性质，我们将海洋经济学理论归纳为海洋微观经济理论、海洋中观经济理论、海洋宏观经济理论、海洋可持续发展理论（朱坚真、闫玉科，2010）。海洋经济理论体系的构建梳理了海洋经济的相关理论，能够从整体上对于海洋经济的发展起到一定的指导作用。

一、海洋经济学理论体系构建的原则

人类经济活动的主要的地点是陆地和海洋，在长期的发展中就形成了陆地经济和海洋经济。人类经济活动最早是在陆地上产生，且陆地经济活动发展的速度和规模要远大于海洋经济，早期形成的经济学理论侧重对于陆地经济的研究。随着人类能力的提升，海洋资源的开发和利用越来越受到人们的重视，这就使得经济学的内容不断地向海洋领域扩展，经济学的理论开始应用于海洋经济活动。在海洋经济的活动中对于传统经济学的应用，是对于传

统经济学应用范围的扩展。海洋经济与陆地经济的差异要求海洋经济学研究的方向和重点也有不同,海洋经济的特殊性使海洋经济学能够独立的成为一个学科(朱坚真等,2010)。海洋经济学的理论基础要体现以下两个原则。

(一)与经济学理论体系相符

海洋经济学的兴起离不开经济学的发展基础,海洋经济学也同样运用经济学的方法和工具。经济学在长期发展的进程中,形成了较为完善的理论体系,海洋经济学要运用现代经济理论,分析海洋经济活动。因此,传统经济的理论体系对于海洋经济学理论基础的建立具有重要参考价值,海洋经济学学科的界定也要与经济学学科相一致(刘曙光,2008)。市场经济是经济学建立的前提和理论依据,企业、消费者、政府是经济行为的主体,传统经济论按照研究对象的不同被划分为微观经济学、中观经济学和宏观经济学。海洋经济学虽然起步晚,研究成果和内容远远不及传统经济学,但其经济行为的主体和市场经济等学科建立的基础应当与传统经济学相同。

(二)注重海洋经济特性

海洋经济学研究的是海洋经济,海洋资源与陆地资源的不同导致人类的海洋经济活动也不同于陆地经济活动,海洋经济理论体系的建立要充分考虑海洋经济的特性。海洋经济的特性主要表现为以下几个方面:第一,海洋经济活动高投入、高技术和高风险。海洋经济活动的地点一般在近海以及海岸带,经济活动的不确定性和复杂性较强,经济开发活动需要较高的技术和资金投入,并且风险较高。第二,海洋经济活动的多层次性。海洋资源的种类繁多,不同的行业和部门都加入到海洋资源开发过程中,这种开发呈现出立体开发的形态,按照不同的标准可以将海洋经济活动分为多个层次。第三,海洋环境的脆弱性。海水的流动性使不同地区的海洋经济活动联系起来,某一地区的环境污染和生态破坏必然会对其他区域产生较大影响,海洋经济的环境比陆地更为脆弱(王琪等,2005)。

二、海洋经济学理论基础体系

海洋经济学一门应用经济学,是经济学的一个分支学科。因此,可运用经济学、海洋科学理论和可持续发展等理论来研究海洋经济活动。海洋经济学在实践的基础上进行理论抽象、经验总结、揭示客观规律,为海洋资源的开发、利用和海洋环境保护服务(朱坚真等,2010)。根据海洋经济学的学科性质和现代可持续发展理论,我们将海洋经济学理论基础归纳为以下四个方面。

(1)微观海洋经济学理论基础。海洋经济学微观理论揭示微观经济主体的行为规律及其交互特征,微观海洋经济学运用微观经济学理论研究海洋微观经济行为。这包括微观经济主体的行为理论、资源配置理论、产品市场的供求理论。

(2)中观海洋经济学理论基础。海洋经济开发过程中会呈现出空间形态和产业形态。中观海洋经济学理论基础主要有产业经济学理论和区域经济学理论。

(3)宏观海洋经济学理论基础。宏观海洋经济学重在从整体视角研究海洋经的政策模式和聚合特征,包括海洋经济核算理论、经济政策理论。

(4)海洋经济可持续发展理论。将可持续发展理论应用在海洋经济领域就是海洋经济可持续发展理论,海洋经济可持续发展理论是可持续发展理论在全球范围内的扩展。

第二节　海洋经济学的微观理论

一、微观经济主体行为

经济行为主体指的是在有限数量的资源条件下,为了达到其经济目标而采取各种行为去实现这一目的的个人或经济组织。现代的市场经济分析中,经济活动的三大参与主体是消费者、政府和企业。在市场机制的调节下,这些主体的经济行为对于国民经济运行起到了重要作用(郭其友,2001)

(一)消费者行为

消费者作为市场经济活动的主体,通过向市场提供生产要素取得收入,而后在产品市场购买商品进行投资活动等。消费者行为是居民行为的一种重要形式。人类的行为都是以一定的目标为引导。同时这一目标的实现受到一定的条件约束。消费这行为的这几种形式都是以实现自身的效用最大化为目标。消费者从事劳动向市场提供生产要素活动的目标是为了获得收入，收入最大化是消费者提供生产要素的目标，获得收入后购买各种商品的目标是为了实现自身的效用最大化。消费者各种活动的最终目标是实现效用最大化。

（二）企业行为

企业是以营利为目标向市场提供产品和服务的经济组织。为了满足市场需要，企业不断进行社会分工，进行市场营销活动创新，提高劳动生产率和降低成本。企业具有自己独立的经济利益、自主经营自负盈亏的经济主体。企业在微观经济运行中起着重要作用，是微观经济活动的基本单位。企业的目标是实现收益最大化，它运用市场上取得的各种生产要素进行生产，为社会提供产品和服务。通过生产、交换、分配的过程企业实现其基本职能。市场经济发展过程中，企业之间不断进行分工合作，降低生产成本，不断进行生产技术创新，提高生产效率。企业是推动经济发展和社会进步的助推器。企业能够提高现代物质文化生活水平。

（三）政府行为

政府行为包括了经济行为、政治行为社会文化行为和法律行为等。政府的经济行为是为了实现一定的经济目标，政府作为市场行为主体参与到市场经济活动中，对于资源配置和市场作用进行调节。政府的经济行为是政府的重要行为之一。

经济学发展之初，学者们并没有把政府机构作为经济学的研究对象，对于政府行为的关注较少。学者们研究了政府所采取的各项政策通过市场机制对于经济活动的影响，却没有把政府作为一个经济主体来研究。学者们在早期都把政府看成一个公共服务机构，政府不符合经济学的一个最基本的假设"经济人"。20世纪五六十年代公共选择学派认为政治活动会受到市场经济活动的重要影响。政府机构也有一定的经济目标，学者们开始对于政府经济行为进行研究。效益最大化的原理同样适用于政府机构。政府的经济活动需要在要素市场上取得一定数量的劳动等资源，另一方面还会为了产品市场提供公共产品和服务。因此政府的经济行为已经渗透到了经济活动的各个方面。政府行为对于市场活动的调节存在很大的不足,需要市场和政府的共同调节才能保证经济的有效运行。

二、产品市场供求理论

需求是指某一时间内和一定的价格水平下,消费者愿意并可能购买的商品或服务的数量。需求是需求欲望和需求能力的统一。供给是指一定时期内在一定的价格水平下,生产者愿意并可能为市场提供产品或服务的数量(高鸿业等,2010)。

(一)供求规律

经济活动的参与者通过价格机制来传递经济信息,价格机制对于资源有效配置非常重要。价格是在消费者和厂商的相互作用下形成的。产品的生产价格或内在价值决定价格,内在价值是价格变动的基础,是价格波动的中心,价格的变动影响着市场上消费者的需求和生产者的供给,供求关系又会对价格产生影响。短期来看,价格围绕价值波动调整着居民的消费行为,而对于生产者的影响较小;长期来看,生产者对于价格的反应表现为供给量的变动,价格机制调整着生产要素的流入或流出。

(二)需求及其影响因素

消费者对于商品的需求会受到以下几个因素的影响。

(1)产品的价格。消费者对于某种产品的需求量会随着产品价格的升高而减少,随着产品价格的下降而降低。产品的价格与其需求量反方向变动。

(2)消费者偏好。商品的需求量会随着消费者偏好的增强而增加,随着消费者偏好的减弱而减少,消费者偏好与商品的需求同方向变化。

(3)消费者收入。在其他条件不变的情况下,对商品的需求量会随着消费者的收入增加而增加,会随着消费者收入减少而减少,商品需求量与消费者收入同方向变动。

(4)消费者对商品价格的预期。消费者如果判断某一商品的价格会在未来上涨,那么他会增加对某商品的需求;消费者如果判断某一商品价格会在未来下降,那么他会减少对这一商品的需求。商品的需求量与消费者对于商品价格预期同方向变动。

（5）相关商品的价格。相关商品的价格也会影响商品的需求量,某商品的替代品价格与其需求同方向变动。互补品的价格与其需求同方向变动。

（三）供给及其影响因素

某商品的供给量主要受到以下几个因素的影响。

（1）产品价格。产品的供给量会随着产品价格的升高而增加,随着产品价格的降低而减少。产品的供给量与其价格同方向变动。

（2）生产技术。如果有生产技术的进步或革新,这就降低了生产成本,厂商将增加产品供给。

（3）生产成本。在其他条件不变的情况下,随着产品生产成本的升高,厂商会减少这一产品的产量;随着产品生产成本的降低,厂商会增加产品的产量。产品的产量与生产成本同方向变化。

（4）相关产品的价格。替代品的价格升高会减少某商品的供给,互补品的价格升高会减少某商品的供给。

（5）人们对于产品价格的预期。如果人们预期某产品价格会升高,则会增加某产品的供给;如果人们预期某产品价格降低,则会减少某产品的供给。

三、海洋资源配置理论

资源配置是资源在不同用途、不同的时间、空间、产业、不同的使用者、与其他资源之间的不同组合之间的安排。资源配置问题是微观经济学研究的核心内容之一。有效地配置资源能够让资源得到有效利用,同时也能更好地满足人们的生产和生活要求(曹英志,2014)。

（一）资源配置的特征分析

资源配置的特征包括以下几个方面。

（1）资源的稀缺性是资源需要配置的根本原因。如果资源的数量能够满足所有资源的需求者、所有的产业、时间、空间上的安排,那么也就不需要去研究资源的配置问题了。资源的有限性表现在多个方面:第一,一定时期内的资源数量是有限的;第二,人的寿命是有限的;第三,资源利用的技术是有限的。西方经济学学者们认为,资源的有限性使得人们在资源的各个用途上进行选择。资源的稀缺性是进行资源配置的前提。

（2）资源配置问题是经济活动的根本问题。根据经济和技术条件，把不同类型资源进行组合，从空间上对资源进行布局安排，在不同时点上进行资源合理分配，将资源分配在不同产业间，目标利用有限的资源达到最大化的产出，满足人类的各种需要。

（3）资源配置要遵循一定的原则。资源配置是经济学的重要课题，要遵循的首要原则就是效益最大化。同时，资源配置还要考虑实现生态效益、社会效益和经济效益的统一。也要达到可持续发展的目的。只有遵循这些原则才能实现资源的可持续的合理利用。

（4）资源配置问题受到政治的影响较大。资源配置的权利归谁所有是资源配置研究的一个方向。不同的利益集团会有不同的价值判断，资源配置的方法也会存在差异，这些都会影响资源配置的结果。

（5）经济制度和体制与资源配置关系密切。在任何的社会体制中资源都具有稀缺性，都会存在着资源配置问题。不同的经济体制资源配置问题也呈现出不同特点。计划经济、混合经济、市场经济这三种体制下，资源配置的方法和原则都不是不同的。计划经济不能够解决资源有效配置问题，市场经济也难以克服自身进行资源配置的缺陷，世界各国普遍使用混合经济的资源配置方式。

（二）海域资源配置主体和客体

1. 海域资源配置主体

海域资源配置活动中的承受人或者参加人就是海域资源配置的主体。自然人和法人是具有法律上的主体资格，承担义务者叫作义务主体，享受权利者叫作权利主体。海域资源配置过程中涉及的主体分为两类：一类是海洋资源开发活动的主体，从事海洋资源开发活动的有法人和自然人；另一类是海洋资源所有权主体，我国海洋所有权归属于国家。我国《海洋使用管理法》中确定了海洋经济的所有权和使用权主体。海域资源配置的社会客体是海域资源使用权主体。

2. 海域资源配置客体

《物权法》和《海洋使用管理法》规定，海洋资源配置客体包括自然客体和社会客体，自然客体是指海洋资源，社会客体指的是海洋资源的使用者。

其中海域资源的自然客体分为以下两类。

（1）海域。海域指的是海洋中的区域,这一区域是一定范围内的立体空间。按照法律的规定海域的内容包括了三个层次的内容:一是《海洋使用管理法》规定,海域指的是中华人民共和国内水和领海的水面、海床、水体和底土。从水平方向上看,海域包括领海和内海;从垂直方向上看,领海包括水面、海床、水体和底土。二是《物权法》的规定,海域是不动产,具有可支配性、客观性、在地理位置上固定性。海域具有一定的使用价值也是一定的空间载体。三是国家主张管辖的区域,在第一类规定的基础上增加了大陆架和专属经济区。

（2）海域资源。海域资源是一种重要的自然资源,海域资源的稀缺程度决定了其价格。海域资源以地理区域为依托,是海洋长期自然演变过程中形成的,能够被人类开发利用、能够满足人类需要的自然资源或社会资源。海域资源有两个特征:一是它具有开发价值,能够满足人类物质文化需要;二是海域资源是长期的自然过程中形成的,这不仅包括自然资源,还包括相关的社会资源,社会资源是人类对于海域资源开发过程中的社会文化等。

（三）海域资源配置的目标及实质

我国海域资源配置的根本目标是为了实现海域资源的可持续的合理开发利用、最大化的实现其效益。海域资源开发的效益是一个包括生态效益、社会效益和经济效益在内的综合效益。资源配置遵循的原则是要合理利用这些资源实现最大化的效益。海域资源配置的实质是在不同主体和用途上对于有限资源的合理分配。

第三节　海洋经济学中观理论

一、产业经济理论

经济学中分析现实问题的一个重要方向就是产业经济学,研究对象就是"产业",主要探讨产业发展规律、不同产业之间的结构关系、产业空间区域分布和产业内企业组织变化等,研究这些规律的应用。产业经济理论研究目的是为了更好地推动产业发展,为国家战略的制定提供理论依据,产业经济理论主要包括产业关联理论、产业发展理论、产业结构理论、产业布局理论、产业政策理论和五力模型等。对于一个产业的分析也应该从相关理论包括产业的关联度、组织、结构、产业政策、区域布局和相关利益主体等方面入手。产业经济学研究内容主要有以下几个方面。

(一)产业组织研究

研究的问题是产业内企业间的竞争与合作关系。代表人物有谢勒、贝恩和梅森等,市场结构—市场行为—市场绩效是其主要的研究模式。这一研究模式经常用来研究政府的产业政策的制定和完善。

(二)产业结构理论

以地区经济发展中资源在各个产业之间的分配和产业结构的演变为视角,主要研究产业结构在经济发展过程中的变化规律,研究的结果是为了政府更好地制定政策来推动产业的发展,为政府政策制定提供依据。研究产业结构理论的代表性学者有日本的筱元三代平。他提出了优先发展的产业应具有的两个特点:收入弹性高和生产率提高快。其中,收入弹性高指的是产业具有较大的成长空间和广阔的市场,收入弹性高的产业能够较快地发展,是国家未来发展的重点。国家还应该保护技术进步较快、生产率提升较快的企业,并为企业的健康发展提供便利条件。

(三)产业关联理论

主要研究产业之间的相互关系效应、产业之间的投入产出等,研究主要运用里昂惕夫投入产出计算的方法为研究模式,产业之间的相互关系包括各个产业之间的投入来源和产出需求、产业发展中对于本产业的依赖和对于其他产业的依赖,分析产业发展对于其他产业的影响,对于区域经济发展和国民经济发展的作用。

(四)产业布局理论

产业布局指的是空间上各个产业的分布,国家对于经济发展规划的内容,是地区和国家制定经济政策的依据。产业布局理论研究内容包括产业布局的方法和原则、产业布局的一般规律、产业布局对于整体经济发展的影响、产业布局的影响因素、产业布局的政策等,目标是为了通过产业布局的调整来促进地区的专业化分工,提升地区经济整体发展水平,发挥地区经济的优势。制定合理的产业布局规划和政策对于产业布局的调整具有重要意义。

(五)产业发展理论

产业发展理论的研究内容是产业发展的普遍规律、影响因素、发展周期、资源配置、产业转移、发展政策等,目的同样是为了促进地区和整体经济的发展制定合理的产业政策。

(六)产业政策理论

产业政策的实施会对于经济的发展产生重要影响。对于产业政策的影响进行评估,更进一步地不断完善产业政策可以更好地促进产业发展。产业政策包括多个层面,有产业组织层面、产业布局层面、产业技术层面、产业结构层面等。

产业经济理论对于海洋经济学研究开展具有重要的指导意义。我们在海洋经济学的研究中同样重视海洋产业发展的一般规律、生产效率、海洋产业结构的变化规律、海洋产业发展的影响因素等。我们根据这些研究的结果来应对海洋经济发展中遇到的问题,更好地促进海洋经济的发展(赵秀丽,2011)。

二、区域经济理论

20 世纪 50 年代,区域经济学的相关研究在国外兴起。我国对于区域经济的研究起步较晚,始于 80 年代,目前区域经济学理论较为成熟,形成了较为完整的理论体系,并在实践中被不断应用(李彬,2011)。

(一)区位理论

区位理论是研究区域经济发展区位的理论,具体指的是经济活动所使用地点的理论。它主要研究经济活动所选择地点的一般规律。区位理论的研究起步较早,代表人物是韦伯,他提出的工业区位论被现代区域经济研究广泛接受。早期的工业区位研究注重降低生产成本和运输费用。在该理论体系中,生产成本的高低是工业区位选择的最主要因素,运费对于生产成本具有重要的影响。古典的区位经济研究是现代区位研究的基础,其最主要观点是工业区位选择过程中要选择成本最低的地点。随后经济学家们将研究的范围进一步扩展,市场也成了影响区位选择的重要因素。区位理论进一步发展,形成了克里斯塔勒中心地理模型,人类活动的区位选择开始关注到各种因素的影响,尤其注重对于市场因素和成本因素的分析(付晓东,2013)。

(二)区域平衡发展理论

这一理论主张区域内经济平衡发展,即在不同的区域布局相等的生产力,实现区域经济平衡发展,各个地点的经济同步增长。"同步增长"的理论依据有以下两点:一是不同的地区间的生产要素能够互补。各地区在资金、技术水平和资源等方面的条件不同,因此,在经济发展过程中具有不同的分工。二是资本的投资需要动机支配,资本的供给受到储蓄的意愿支配,在不发达的地区,储蓄的意愿和投资的意愿相对较小,没有经济的发展,使得该地区长期落后于发达地区,这就容易形成恶性循环。在各地区均衡地投资能够打破恶性循环,满足各个地点均衡发展的要求,实现区域经济的稳定发展。

(三)增长极理论

经济学家佩鲁最先提出增长极理论,布代维尔在此基础上进一步完善地发展了这一理论。增长极理论的主要观点有:地区经济的发展方式不会是各个地区均衡发展,地区中某一地点会率先发展起来,形成增长极,再由增长极带动周边经济的发展,增长极的发展会产生溢出效应,将发展能力扩散到其他区域。增长极的产生过程中会汇集区域内的资本、人才和技术,扩散效应主要是生产要素向外围的扩散。一个地区经济的发展要首先在地区培育增长极,增长极的产生过程中创新起着重要作用;然后增长极的经济率先发展,而后带动整个地区的发展。佩鲁所提出的增长极模式注重增长极发展过程中对于周边区域经济发展的扩散效应,而忽略了增长极形成过程中对于周边区域的吸收效应(徐云松,2014)。

(四)区域空间组织理论

区域空间组织的变迁反映了区域经济发展水平的变化。区域组织的变迁对于区域经济发展的趋异或趋同也会产生重要影响。20世纪70年代沃纳·松巴特提出了增长轴理论,其主要观点是:公路铁路等新的交通干线的建立形成了新的区位条件,降低了运输成本,促进了劳动力资源的流动,降低了企业的生产成本,为经济的发展营造了良好的环境,使得人口不断地向新的有利区位聚集,形成"增长轴"。

改革开放以后,国内学者陆大道丰富了区域空间组织理论,他提出"点 - 轴系统"理论,这一理论的主要观点是:区域经济发展中的经济客体在区域内的相互作用分为趋同倾向和扩散倾向,趋同过程中生产要素在地理空间点上聚集形成聚集,并将不同的点连在一起形成轴,这种经济发展的轴一般靠近交通干线等基础设施。"点—轴系统"战略的制定能够对于未来区域经济发展产生重大影响,交通干线往往是未来产业带发展的依托,在发展的产业带中确定发展的中心点,布局整个产业带内的产业层次和结构。

第四节　海洋经济学的宏观理论

一、海洋经济核算

海洋经济核算是用来反映海洋经济运行状况的一种工具,它包括一系列科学的核算原则和核算方法。海洋经济核算结果要反映海洋经济总量状况和各个方面的具体状况,也要反映海洋经济各个部分之间的关系。海洋经济核算以国民经济核算理论为依据,兼顾海洋经济自身特点,是国民经济核算的一个方面。

(一)海洋经济核算的原则

1. 一般原则

任何经济核算需要遵循一定的原则,我们把这些普遍适用的原则称为一般原则。海洋经济核算也不例外。一般原则包括以七项。

(1)客观性原则。海洋经济核算必须客观真实的反映人类海洋经济活动,揭示海洋资源开发利用对于人类的利益和作用。

(2)相关性原则。海洋经济核算的对象和方法要能够准确地反映生态利益和人类利益的变动,相关性表示了核算的系统性和准确性。

(3)可行性原则。海洋经济核算的在技术上必须是可行的,核算的对象能够进行观测和搜集,核算的方法能够操作付诸实践。

（4）及时性原则。海洋经济核算要及时反映人类的海洋活动，并随时追踪核算信息的变动，保证核算信息随时更新。

（5）全面性原则。海洋经济核算要对于所需信息进行全面搜集，满足人类的需要。

（6）可计量性原则。海洋经济核算的对象和结果要进行定量分析，必须使测量的结果能够进行计量。

（7）可比性原则。海洋经济核算的结果要能够进行比较，反映不同时间和地域海洋经济活动的差异，以及生态效益、经济效益以及人类的整体效益。

2. 具体原则

海洋经济核算是经济核算的一个分支，其核算的对象不同于其他经济核算。因此，海洋经济核算过程中也要遵循如下具体原则（乔翔，2011）。

（1）坚持以民间力量为补充、政府力量为主的原则。海洋经济核算的一般原则使得核算行为具有社会公益和自然垄断的性质，政府应该在核算上发挥客观的主导作用。民间核算力量较为活跃，是政府核算的补充，也可以进行部分海洋经济核算。

（2）主要统计合法的海洋经济交易活动，同时兼顾非法交易活动以及不具有交易性质的海洋经济活动的原则。市场经济中，涉海经济活动中最常见、最主要的内容就是以交易为目的的经济活动。非法交易活动和不具有交易性质的海洋经济活动同样表现了人类海洋活动的规模和数量，因此，在海洋经济核算中也要兼顾。

（3）以属地核算为主，以属民核算为辅的原则。自改革开放以来，海洋经济开发的国际化程度越来越高，国际资本和劳动力的流动速度加快。属地核算反映了本地区的一切劳动力对于海洋经济、国民经济和人海关系的影响，有助于政府快速的回应海洋经济中人海关系和海洋经济状况。属民核算为辅能够反映本国居民的海洋经济活动状况，以及本国居民在国外的海洋经济活动等，是属地核算的有益补充。

（4）以货币价值核算为主，以实物数量核算为辅。货币价值的核算具有可加性的优点，能够将可以计算的所有海洋经济活动进行加总和比较，能够反映人类海洋经济活动的结构和规模。有些经济活动不具备商品交易形式,无法对其价值进行衡量,但这些经济活动同样反映了人类海洋经济活动的规模和数量,也要对其进行核算。因此,要坚持实物核算为辅助(王克桥,2008)。

(二)核算体系

海洋经济核算体系包括三部分,分别是海洋经济基本核算、海洋经济主体核算以及海洋经济附属核算。

(1)海洋经济主体核算。也就是生产核算,按照核算的对象主要包括以下几个内容:海洋生产服务核算、海洋生产价值核算、海洋生产实物核算、海洋各个生产部门的核算。海洋生产总值核算的就是海洋生产机制,海洋产品目录和海洋实物量核算的是海洋实物量,海洋生产服务的目录和种类指的是海洋产品服务的分类和海洋产品目录,海洋产业部门和海洋产业单位进行海洋产业部门核算(朱凌,2012)。

(2)海洋经济基本核算。主要包括海洋对外贸易核算、海洋固定资产核算和海洋投入产出核算。其中,海洋投入产出核算完全消耗系数、直接消耗系数和海洋投入产出结构,海洋对外贸易核算进出口服务和货物,海洋固定资产核算消耗量和固定资产总量。

(3)海洋经济附属核算。海洋经济附属核算核算海洋环境,自然资源和社会活动。海洋环境核算包括环境保护成本、环境消耗量和海洋环境的质量。海洋资源核算海洋资源的总价值、实物数量以及资源消耗状况。海洋社会活动核算海洋从业人员的结构和数量、海洋管理、教育、科研等公益服务核算(乔翔,2011)。

二、海洋经济政策

随着人类海洋活动日趋频繁,海洋生态环境污染和破坏问题凸显,海洋开发的日益深入,海洋经济的重要性不断提升。随着海洋经济学科的不断完善,海洋经济政策逐渐变演变成一个独立的学科。海洋经济政策指的是国家出台的一系列的办法、条例、措施或法规等公共政策,目的为了更好地开发和保护海洋。

（一）海洋经济政策的内容

海洋政策的内容包括以下两个方面。

首先,海洋政策由政府或者相关管理部门出台。海洋政策是国家或相关管理部门出台的,处理社会公共事务的办法、措施、条例、法规等总称,颁布海洋政策的主体是国家机关,客体是海洋事物和海洋经济活动。海洋政策的是一种公共政策。

其次,海洋经济政策客体是公共事务,这种公共事务是与海洋有关的公共事务。政策的客体就是政策的内容,公共政策的客体一般称之为公共事务。海洋政策涉及的客体就是海洋保护和海洋开发有关的公共事务,海洋政策可客体不同于一般的公共政策,这是海洋经济政策的特征(赵虎敬,2014)。

（二）海洋政策分类

不同的分类依据可以将海洋政策氛围不同类型。海洋经济政策常用的分类方法有以下几种。

（1）以政策的层次为标准将海洋政策划分为海洋基本政策、海洋元政策、海洋具体政策。规范和指导政府出台政策的方法和理念总称为元政策,元政策是政策的政策,其制定的目的就是对于政府政策的出台进行指导和规范政策的实施。海洋元政策体现了政府对于海洋管理的理念和价值判断,是更深层次的海洋政策,海洋元政策的制定机关要高于普通政策。元政策持续时间长,适用范围较广,具有较强的稳定性,指导着其他政策的制定。海洋基本政策是关于海洋保护和开发的一系列政策,它一般是由中央机关颁发的,这一类政策层次上要低于元政策,包括海洋行政法规、海洋法律和中央的海洋规划。海洋具体政策指的是除了上述两种政策以外的其他政策,这种政策是最低层次的政策,适用的时间段较短,地域范围也较小。

（2）以海洋政策的内容为依据,可以把海洋政策划分为海洋保护政策和海洋开发政策。海洋保护政策和海洋开发政策的政策内容不同。海洋开发政策的内容是有关海洋资源开发利用的,包括海洋资源开发政策、海洋交通开发政策、海洋渔业开发政策。海洋保护政策的内容是有关海洋生态环境保护和海洋权益保护的政策,具体包括海洋权益保护政策和海洋环境保护政策。

（3）以海洋政策制定的主体为依据，可以将海洋政策划分为地方海洋政策和中央海洋政策。党中央出台的海洋规划、国务院部委出台的规章制度、国务院的行政法规、全国人大指定的海洋法律都属于中央海洋政策，其颁发机关是中央政府及其部门或全国人大。地方政府或地方人大出台的海洋法规和地方规章制度就是地方海洋政策，地方海洋政策还可以按照地方行政机构的主体层次进一步划分为省级海洋政策、市级海洋政策等。

（4）以海洋政策适用的领域为依据，可以将海洋政策划分为海洋综合政策和海洋产业政策。海洋经济的快速发展使得海洋产业的数量也不断增加，由最初的海洋交通、海洋渔业、海洋盐业扩展为十几个产业，海洋产业蓬勃发展。新兴的海洋产业有海水养殖、海洋化工、海洋电子、海洋服务、海洋石油、滨海旅游、滨海矿砂、海洋服务等。海洋产业发展过程中就需要一系列的海洋政策来对其进行引导。学者将海洋产业政策划分为四种类型，包括海洋产业结构政策、海洋产业布局政策、海洋产业技术政策、海洋可持续发展政策。海洋综合政策是指综合运用于海洋多个产业的政策，它用于协调不同产业之间发展的矛盾，是海洋综合管理手段（郭丽芳，2014）。

第五节　海洋经济可持续发展理论

海洋经济可持续发展力求协调人类与自然、人生与社会、经济与环境、现实与未来之间的关系，主要目的是让人类对于发展问题有更理性的认识。是协调"人—社会—自然—海洋"之间高水平、高质量、相互协调发展的系统。这不仅要求人类活动过程中要保护海洋环境，还要实现海洋资源合理配置，建立海洋生态平衡系统。这需要政府和社会等多方面的共同努力，海洋资源合理利用和集约化经营，能够保护海洋生态环境，实现海洋资源的综合价值、能够使海洋资源被循环利用和深度开发，实现社会和经济上的可持续发展模式。

一、海洋可持续发展概念和内涵

（一）海洋经济可持续发展概念

可持续发展要求对于任意时期的经济发展水平都会大于前一个时期的

经济发展水平。可持续发展的概念包括两方面的内容:第一要求经济发展是"可持续";第二要求这种经济的运行方式是在不断地"发展"。可持续发展是二者的统一。

在海洋经济的系统中,在 $[t_1, t_2]$ 时期内,x 来代表海洋经济发展水平,可持续发展就可以用不等式表示为"对于任意 t,都存在 $x_{t+1} > x_t$"即任何一个时间点上,之后的经济发展水平都会大于这一时点上的发展水平,数学描述如下:

$$x_t + 1 > x_t, t \in [t_1, t_2]$$

x 的定义域为 $[t_1, t_2]$,即海洋经济发展的时期。海洋经济的可持续发展也就意味着海洋经济会一直发展下去,t_2 可以趋于无穷大。当 t 不在 $[t_1, t_2]$ 的范围之内时,经济也就不能可持续发展下去了。

(二)海洋经济可持续发展内涵

海洋经济可持续发展的内涵远不止海洋经济的可持续发展,它还要求海洋生态的可持续发展和社会的可持续发展。海洋经济可持续发展的基础是海洋生态的持续性,动力是海洋经济的持续发展,目的是为了实现社会的可持续发展。

1.海洋生态系统的可持续性

海洋经济可持续发展的基础是海洋生态的可持续性。海洋生态的可持续性表现为海洋资源的可持续开发利用和海洋生态环境的可持续性两方面。海洋生态系统的功能能够永远发挥海洋生态系统的构造不会变化。海洋生态系统完善表现为空间和时间上的可持续发展。海洋生态系统功能齐全和构造完整,是海洋生态正常运转的前提。海洋生态系统包括陆地生态系统和海洋生态系统两个部分,任何一部分的功能或者构造受到破坏后都会导致整个生态系统不能正常发挥作用。因此海洋生态系统的保护要同时注重对于陆地生态的保护。

2.海洋经济的可持续性

海洋经济可持续发展的动力是海洋经济的可持续发展,海洋经济可持续发展的中心也是海洋经济的可持续性。海洋经济的发展过程中不能对海洋生态发展造成破坏。如果忽略对于海洋生态的保护,片面追求快速经济增长就会使经济发展不能够持续进行。因此,海洋经济发展过程中要形成"技术—开发—保护"的科学发展体系。海洋经济的可持续性表现为海洋经济发展的生态高效性和协同性。生态高效性指的是海洋生产和交换具有高效性,对于生态环境影响较小。海洋经济的协同性指的是海洋人与自然协同发展。

3.社会的可持续性

海洋经济可持续发展的目的就是为了实现社会的可持续发展。个体人组成社会,社会的可持续发展要求不同时代的人也能可持续地发展下去。可持续发展要求当代人的发展不能危害后代人的发展。社会的可持续发展问题主要是人的发展问题。首先,人口数量的增长可能超过环境的承载能力,人口的大量增长会带来环境污染,人口对于环境的消耗过多会破坏生态系统,对于后代人的生存构成威胁。因此,要实现社会可持续发展必须先控制人口数量。其次,人口素质关系到人民生活的质量,人口素质的提高会进一步促进社会发展,消费是生产的目的,消费超过生产就会破坏整个生态系统。因此既要满足当代人发展的需要又要考虑到后代人的发展。再次,要实现公平的发展。公平是人与人之间最基本的关系,要求社会成员地位平等、权利平等、分配公平、人身平等、机会均等,社会的可持续发展要求不同代际的人之间要实现公平。

二、海洋经济可持续发展影响因素

(一)人口因素

海洋开发活动的主体是人。人类是海洋物质的消费者也是海洋物质的生产者。消费表现为生产消费和生活消费。生产过程中就需要生产消费。海洋生产的结果有以下三种:第一,会消耗一定数量的海洋资源;第二,会产生一定数量的废弃物;第三,能够生产一定数量的产品或服务。海洋资源的消耗和废弃物的产生对于海洋经济可持续发展会带来不利影响,海洋产品和服务的生产能够促进经济发展促进的发展有利于可持续发展。海洋经济发展过程中需要对于不利海洋可持续发展的因素进行控制,对于有利于海洋经济可持续发展的因素进行扩大。这就要减少废弃物的排放和资源的消耗数量,要确定生产活动所需要消耗的资源和所产生的废弃物数量以及这种生产活动能够产生的海洋物质财富的数量,因此要控制人口。人口的数量决定了对于海洋产品的需求数量,决定了生产的强度。控制人口数量能够减少对于海洋产品的需要,减少海洋废弃物排放数量和海洋资源的利用数量。

(二)海洋资源、环境因素

海洋资源的生存的环境就是海洋环境,海洋环境是海洋资源产生的条件,海洋资源是人类海洋活动的前提。人类的海洋活动是在大的自然环境下进行的。人类的海洋开发活动必须要保护好海洋环境,合理开发海洋资源,创造人与海洋和谐发展的关系,促进人类海洋活动的可持续发展。海洋环境的发展有着自然规律,海洋开发利用过程中出现有利或者不利于海洋经济可持续发展的现象,都是由客观规律决定的(胡麦秀,2012)。

(三)海洋经济因素

海洋经济发展为了人类更多地进行海洋活动提供了经济保障和物质基础。海洋经济的开发就是建立在海洋活动发展的基础上。近代海洋经济的快速发展过程中人类忽略了对于海洋资源的节约利用和海洋生态环境的保护,人类过度的消耗海洋资源带来经济快速发展的同时,导致了海洋经济不能够可持续发展下去,这种发展方式带来了一系列严重后果,如环境污染、物种减少、资源耗竭等。

人类在发展过程中认识到了不可持续发展带来的恶果,开始逐渐地去改变错误的发展道路,走可持续发展的道路。海洋经济的发展使得人们认识到可持续发展的重要性,必须建立有利于海洋经济可持续发展的体制,转变海洋经济的发展方式,节约对于海洋资源的利用,开发循环利用的模式,制定合理的海洋政策。同时,要运用先进的方法来治理海洋污染,发展相应的科学技术,为海洋经济的发展提供条件。

(四)科学技术因素

科学技术是人类认识和改造世界的工具。人类利用科学技术开发利用海洋资源不断取得发展成果。科学技术的不断进步是可持续发展的动力之一。海洋资源的多样性、开发环境复杂性、开发难度大,都要求海洋资源开发过程中有一定的技术性,海洋资源的开发利用的基础就是海洋资源的开发利用。"科教兴国"战略对于海洋经济开发具有重要意义(刘明,2008)。

海洋资源开发利用过程中,科学技术的进步大大提高了人类对于海洋资源的开发能力,人类开始对于海洋资源过度开采,导致海洋资源趋于耗竭,人类在资源开发的过程中没有注意生态环境保护问题,导致环境被破坏,这些是不利于海洋经济可持续发展的因素。科学技术的发展提高了海洋资源的利用效率,节约了海洋资源;海洋污染治理水平的提高,使得海洋环境得到一定的改善,这是科技进步对于海洋资源利用的有利影响。总体来说,科学技术对于海洋资源产生了有利影响。

三、我国海洋可持续发展战略

海洋可持续发展的目标是形成科学的海洋开发模式,建立良性海洋生态系统,使得海洋经济能够可持续发展。我国 21 世纪海洋工作指导思想就是海洋资源的可持续开发和利用。可持续的开发海洋资源,促进海洋经济的良性发展是我国振兴经济的重要战略。战略要求我们要将我国丰富的海洋资源转变成经济发展的优势,坚持海洋可持续发展的发展方式不动摇,从我国的实际情况出发建设海洋强国。

(一)注重海洋经济的发展,增强海洋意识

海洋意识的强弱关系到海洋经济开发的程度,没有海洋意识必然会导致海洋经济发展的落后。我国海洋经济的意识较弱,在几千年的封建经济发展过程中,统治者长期忽略对于海洋的开发。自给自足的自然经济模式下,人们只注重陆地上经济的发展。我国除了拥有约 960 万平方千米的大陆外,还拥有 300 多万平方千米的海洋,但是在我国经济发展过程中并没有足够的重视海洋经济的发展。因此,改变落后的海洋意识,增强人们发展海洋经济的观念是我国海洋事业发展的重要任务。

(二)坚持环境保护与海洋开发相协调,树立可持续发展观念

在海洋经济的开发利用过程中,一定要让开发者树立正确的发展观念,提高全面的环境保护和资源节约意识,树立正确的可持续发展观念。可持续发展中经济发展的基础就是保持良好的环境,发展的消耗不能超过资源和环境的承载能力。坚决不能为了一时的经济发展而破坏子孙后代的发展条件。

要正确处理海洋资源开发与环境保护之间的关系,避免海洋经济发展中的两个极端:一是不发展海洋经济,只强调海洋环境保护的重要性;二是不保护环境,片面追求高速的经济增长,忽略经济后期发展动力。

(三)走科教兴海之路

海洋经济开发环境的复杂性和高难度要求海洋经济开发活动是一项技术密集和知识密集的事业,需要当今先进的科学技术为开发基础。海洋经济的发展必须坚持"科教兴国"战略,采取各种政策,推动海洋科技进步,推动全城发展,促进海洋科技和海洋活动相结合,提高海洋生产效率,推动海洋经济技术发展,提高海洋建设基础设施技术水平。

(四)优化海洋产业布局,合理加强海洋功能区划,调整海洋经济结构

根据因地制宜的原则,结合不同海洋地区的特点和实际情况,依据海洋发展规划的原则,满足社会经济发展对于海洋资源的开发需求。确定海洋的功能区,引导海洋经济的利用和开发,发挥海洋经济的综合效益。海洋功能区划能够布局产业,调整海洋区域产业结构,推动海洋产业更好更快地发展(马仁锋等,2013)。

(五)坚持依法治海,完善法规体系

无论是海洋的可持续发展,还是海洋管理和资源环境的保护都离不开健全的法律体系。海洋法律法规的完善能够规范人们海洋活动中的行为,也会引导人们朝着正确的方向前进。目前,我国的海洋法律体系还不完善,法规大多专项行业法,法律不够系统。因此,立法机构要增加对于海洋法律的重视程度。

(六)加强指标体系建设

量化海洋经济可持续发展能力指标首先要涵盖可持续发展的内涵,涉及海洋经济海洋资源环境、海洋制度、海洋科技水平等方面,因此,海洋经济可持续发展能力评价指标需要以多年的统计指标为基础,同时结合反映可持续发展系统目标的各项综合性指标,如国家或区域内海洋环境质量以及海洋资源存量等。其次,要反映海洋经济可持续发展指标系统及各要素的可持续性、协调状况和当前海洋经济状况及发展能力。再次,构建海洋经济可持续发展

体系要遵从实用性的原则,为海洋开发的各项实践活动服务,且构建的指标易于理解和应用。

海洋经济可持续发展指标能力体系建设要考虑海洋资源承载能力、海洋经济发展能力、海洋生态环境承载力和保护能力,以及系统的智力支持系统(韩增林和刘桂春,2003)。海洋资源承载力子系统描述指标主要是指海洋资源,主要包括海洋生物资源、矿产资源、能源资源、淡水资源、化学资源、海洋旅游资源以及空间资源等。上述资源的现有量以及人均占有量是衡量可持续发展的重要指标,资源的利用效率可以直接反映资源利用与海洋经济发展之间的关系。海洋经济发展能力子系统描述指标是海洋经济可持续发展的根本能力,主要包括海洋经济总产值、人均海洋经济产值、海洋经济产值增长率、人均海洋经济产值增长率、海洋三次产业产值比值、新兴海洋产业产值平均增长率、单位面积财政投入指数、单位面积劳动力投入指数、个人海洋消费总支出、社会再生产海洋消费总支出、海洋产业国际贸易额占 GDP 比例、单位 GDP 能耗、单位面积海洋经济产值及海洋工程财政投入(韩增林和刘桂春,2003)。海洋经济可持续发展评价指标体系智力支持系统指标包括万人拥有海洋科技人员数量、海洋科技人员平均经费、海洋科技经费投入占 GDP 比值、海洋科技经费投入年均增长率、千名海洋科技人员发表论文数、海洋科技成果转化率、海洋事务管理部门个数、涉海部门所管事务的平均项数、涉海部门所管事务的交叉管理率、涉海法规条例数目、实施海洋管理计划的财政支出及专业海洋管理人员所占总人口的比例。一般海洋经济可持续发展能力体系以主成分分析法(韩增林和刘桂春,2003)、层次分析法(刘明,2008)、数据包络分析(李怀宇等,2007)和灰色关联分析(白福臣,2009)等方法进行计算。

第六节 海洋经济竞争力

一、海洋经济竞争力概述

竞争力一般指研究对象与同类对象比较其相互竞争的能力,由于所比较的对象存在差异,进行竞争力比较的包括城市竞争力、国家竞争力、产业竞争力、核心竞争力以及区域经济竞争力等(赵珍,2003)。海洋经济竞争力是指不同研究对象包括区域层面、省份或者国家层面对比中突出的海洋经济方面的竞争能力(陈敏尔,2010),在海洋经济发展早期阶段,通常用海洋经济产品的成本作为评价竞争优势的决定因素,因此海洋经济的核心竞争力取决于其经济产品依托的资源或者其他生产要素的成本优势(赵珍,2003)。而海洋经济竞争力是海洋经济实力的综合体现(张鹏和王艳明,2016)。李小建(2006)认为,海洋经济实力不仅指海洋经济已经达到的发展状况和发展水平,还要注重其与未来海洋经济应该达到的综合实力以及能够达到的经济实力的对比及预测。

一个国家主要的海洋产业一般包括海洋渔业、海洋交通运输业、海洋旅游业、海洋矿产业、海洋船舶制造业以及海洋能源等。通常,海洋货物运输量、海洋产业生产总值、海洋渔业收入、海洋旅游总收入、海洋旅游外汇收入等指标可以全面的反应各海洋主要产业的发展状况。海洋经济结构一般是指海洋经济的组成和构造,其与国家海洋经济发展关系密切,海洋产业的结构水平、海洋第三产业增加值占海洋产业增加总值的比值、海洋第三产业从业人数占海洋产业从业总人数的比重等都可以反映海洋经济结构的情况。海洋经济结构和海洋经济总量是影响海洋经济竞争力的两个主要部分,海洋经济总量的增加可以促进海洋经济产业结构的调整,而海洋经济结构的改进可以有效促进海洋经济总量的进一步增加。

随着人类开发海洋经济活动的不断深入以及科学技术的不断进步,资源禀赋的优势、技术优势、海洋资源和要素的分工协作等组成的体系,以及不同国家和地区的制度文化等共同构成了海洋经济竞争力的决定性因素(赵珍,2003)。影响海洋经济竞争力的因素包括区域内海洋资源类型、科技水平、海洋科技相关的人才、当地的经济水平、国家政策环境及具体制度以及历史文化等。赵珍(2003)将其分为资源影响力、技术影响力、市场影响力、经济实力影响力和政策制度影响力等。上述影响力的协同作用会对海洋经济竞争力产生深远影响。资源竞争力作为海洋经济竞争力的基础,决定了海洋经济竞争力提升的物质基础。随着世界沿海国家海洋技术不断进步,新兴海洋产业不断出现,海洋技术对海洋经济的贡献率已经达到80%。经济的发展离不开市场,而海洋经济竞争力直接通过市场来反映,各沿海国家所处的空间位置以及周边国家海洋经济的发展直接影响着海洋经济的核心竞争力。一个国家的经济实力直接影响着国家的教育水平、相关产业的技术创新以及资金投入,对海洋经济的竞争力起着重要作用。

二、海洋经济竞争力指标体系

海洋经济竞争力指标体系主要包括海洋经济总量、主要海洋产业发展水平、海洋经济结构和海洋经济推动力。海洋经济总量一般是反映当地海洋经济发展水平及其动态的宏观数量指标,评价海洋经济总量的指标包括海洋经济总产值、海洋经济增加值以及海洋经济总产值占社会总产值的比重(赵珍,2003)。海洋经济总量受到产业结构以及海洋产业发展水平的制约,单一的海洋经济总量作为绝对数,不能体现海洋经济的总体竞争力,应该充分考虑其在国家经济总量中所占的比重。

海洋经济推动力是推动海洋经济发展的潜在因素,主要表现在两个方面:一是海洋资源要素,如盐田生产面积、海水养殖面积,可以反映一个国家或者地区海洋资源要素的状况;另一方面是各种经济要素对海洋经济发展的贡献,主要包括海洋产业固定资产投资额增长率、海洋产业人均总产值以及科技人员占海洋从业人口的比重等。一般海洋经济竞争力评价模型采用主成分分析法(PCA)进行构建,主成分分析也称主分量分析,最早是 . 由 1933 年霍特林提出的,主要是依据降维的思想,在损失最小信息的条件下把多个指标转为几个综合的指标,并进行多元统计运算的方法,利用浓缩指标的信息将复杂的问题简单化。一般将转化生成的综合指标称为主成分,各个主成分之间都是原始变量的线性组合,而且每个主成分之间互相没有关联性(许淑婷,关伟,2014)。主成分分析法设定海洋经济竞争力的评价指数为 $f(X)$,建立海洋经济竞争力计算公式,

$$f(X) = \sum_{i=1}^{n} a_i X_i'$$

其中,X_i 为研究区域海洋经济竞争力特征的标准化值,$f(X)$ 为海洋经济竞争力评价指数。确定评价指标的权重关系到评价的合理性、正确性以及科学性。目前,学术界对评价指标体系权重的系数一般依据评价者的实践经验以及主观判断来确定。因此,通过上述模型可以对不同年份的数据进行纵向

比较;或者在相同的时间内,在不同研究区域间进行横向比较。

GDP 是国际上来衡量国家经济体大小的指标,海洋经济作为国家经济中重要的组成部分,还可以用 GDP 来进行评价一个国家海洋经济体的大小和海洋国际的竞争力。不同国家之间海洋经济竞争力进行对比评价,需要在对比的研究内容、时间序列、海洋产业和构成以及空间差异性等方面具备一定的可比性。同时需要使用的对比数据在时间上可以长期连续,口径一致。目前国际上美国和中国等国家进行海洋 GDP 核算的数据主要有海洋生物(渔业)、矿产(油气和砂矿)、工程、船舶制造、旅游和运输等 6 类产业(Colgan,2003;国家海洋局,2014;张耀国等,2016)。海洋 GDP 测算一般应用一定的统计方法以及模型,同时用定性和定量相结合,目前测定海洋 GDP 的统计方法主要有洛伦兹曲线和集中化指数(基尼系数)(梁进社和孔健,1998)、变差吸收(梁进社和孔健,1998)和锡尔系数(张红霞和王学真,2014),将上述方法结合使用,可以对不同国家和地区海洋 GDP 进行测算。

洛伦兹曲线和集中化指数主要用于刻画空间差异的状况,同时进行空间差异的比较,用于研究离散区域的分布。曲线与对角线之间的偏离情况,可以了解某一海洋产业在特定区域的聚集程度,最后依据各区域海洋产业的分布绘制反映所有海洋产业偏离对角线远近的洛伦兹曲线图(张耀国等,2016)。

变差系数通常的表示公式为:

$$C_v = \frac{S}{\overline{X}} \times 100\%$$

式中,C_v 为变差系数,$\overline{X}$ 为 X_i 的平均值,S 为标准差。

锡尔系数可以将整体的差异划分为组内差异和组间差异,用于比较不同分类区域对研究地区总差异的贡献及影响。锡尔系数的计算方法分为希尔系数 T 和希尔系数 L,两者之间的差异是希尔系数 T 主要用 GDP 比重加权计算,而锡尔系数 L 用人口比重的加权进行计算。

张耀国等(2016)利用上述方法对中美两国海洋 GDP 进行了研究,2005—2012 年中国海洋 GDP 年均增长率达到 20.87%,而美国 GDP 年均增长率为 3.89%。2005 年中国海洋第一、二、三产业分别占海洋 GDP 的 5.7%、45.6% 和 48.7%。2012 年中国海洋第一、二、三产业分别占海洋 GDP 的 5.3%、

46.9％和 47.8％。而美国 2005 年海洋第一、二、三产业分别占海洋 GDP 的
2.5％、41.8％和 55.7％,2012 年海洋第一、二、三产业分别占海洋 GDP 的
2.4％、47.1％和 50.5％。2011 年中国海洋 GDP 为 2 849.73×10^8 美元,美国海
洋 GDP2 779.02×10^8 美元,中国海洋 GDP 已经超过美国海洋 GDP。虽然海
洋 GDP 总量大即可认为是海洋经济大国,但是人均海洋 GDP 总量却是衡量
海洋经济强国的重要标志,虽然中国海洋 GDP 已经在总量上超过美国,而我
们的人均海洋 GDP 却远远低于美国,未来我们应将目标定在提高人均海洋
GDP 上面,努力建设海洋经济强国,在不破坏海洋生态环境的前提下,推动
我国各地区的海洋经济水平。

思考与练习

1. 海洋经济学的理论基础主要包括哪些内容?

2. 微观经济行为主体有哪些? 它们主要有哪些经济行为?

3. 区域经济学的主要研究内容有哪些?

4. 海洋经济核算中要遵循什么原则?

5. 哪些因素会对海洋经济的可持续发展产生影响?

第三章

海洋资源

● ● ● ●

第一节　海洋资源概念及其分类

一、海洋资源的概念

海洋资源的界定与概念的认知决定着本书所探讨的研究方向,海洋资源作为自然资源中越来越重要的组成部分,与自然资源是属种关系。在了解海洋资源之前我们应先明确资源与自然资源的概念。

(一)资源与自然资源

不同的研究领域对资源概念的界定不尽相同,本书中采用广义的资源的概念。资源是指在人类历史的发展史上,一切对人类的发展有用的事物统称为资源,它分为自然资源、经济资源以及社会资源。随着人类社会认知的发展,科技信息的不断进步,人类对资源的界定的范畴也在不断地变化,科技可能会将之前未发掘的、无价值的、无功用的物质变成宝贵的资源。

自然资源隶属于资源,《辞海》对自然资源的定义是"天然存在的自然物(不包括人类加工制造的原材料)并有利用价值的自然物,如土地、矿藏、水利、生物、气候、海洋等资源,是生产的原料来源和布局场所"。联合国环境规划署的定义是"在一定的时间和技术条件下,能够产生经济价值,提高人类当前和未来福利的自然环境因素的总称。"大英百科全书中对资源的定义是"人类可以利用的自然生成物,以及生成这些成分的环境功能"。从以上这些概念中我们可以得出,自然资源是自然界中一切对人类有用的物质和能量的综合。自然资源还具有相对性，即同一种自然物质或能源，在某种社会可能会由于生产力水平限制而不被利用，但在生产力水平相对较高的社会，则可能被开发为资源。自然资源具有不平衡性与相对性、可开发性与多样性、区域性与整体性、可再生性和非可再生性等特点。

（二）海洋资源

目前学术界关于海洋乃至海洋资源的界定尚不统一。海洋资源属于自然资源，它具有自然资源的一切特性。人们对海洋的认知已有数千年的历史，从最初的敬畏崇拜到现在的开发利用经历了一个漫长的时期。人类科学技术的发展阶段不同，对海洋的认知阶段也是发展变化的，不同的学科领域对海洋资源的界定也是不一样的。张德贤等（2000）提出，海洋资源是指存在于海洋及海底地壳中，人类必须付出代价才能得到的物质与能量的总和。陈百灵等（2002）认为，海洋资源泛指海洋空间中所蕴藏的、在海洋自然力作用下形成并分布在海洋区域范围内的、可供人类开发使用的自然资源。陈可文（2003）提出所谓海洋资源是在海洋生态自然力作用下形成并分布于海洋区域内的可供人类开发利用的海洋物质与自然条件的总和。段志霞（2008）则认为海洋资源是在一定历史条件下，可被人类开发利用、分布在海洋地理范围内的各类事物或要素的总和，涵盖赋存在海洋环境中的物质、能量和空间等。

综合目前学术界的观点，海洋资源的定义可以从狭义和广义两个方面来看。狭义的海洋资源指与海域本身有着直接关系、自然生成的物质、能量，包括所有在海洋中生存的生物、溶解在海水中的化学元素、海底所蕴藏的丰富矿产资源以及海水中所蕴藏的能量。

广义的海洋资源包含两个方面：一方面是海洋本身所蕴藏的一切资源及狭义的海洋资源界定中的范畴；另一方面是人类依托海洋所发展的各类资源的总和，如海中通讯、海上各种运输通道、海底隧道、海洋港湾、海洋公园、海底世界、海洋的纳污能力等人类在开发利用海洋的过程中所创造出的物质都属于海洋资源范畴。本书采用广义的海洋资源的概念，即一切与海洋有关的以及可以被人类预见、认知、开发的物质、能量等都统称为海洋资源。

（三）我国海洋资源的开发现状

我国海域面积辽阔，从渤海北岸一直到南端的曾母暗沙纵跨 37 个纬度，按照《联合国海洋法公约》的规定，我国所拥有可管辖海域面积约 300 万平方千米，大陆岸线 1.8 万千米，海岸线 1.4 万千米，滩涂 3.8 万千米。横跨温带、亚热带和热带，我国海域的生物物种非常丰富，目前记录在册的海洋生物有 2 万多种，我国有记录的鱼种有 3 802 种，海洋鱼种有 3 014 种。已探测到的海洋石油储量约有 270 亿吨，天然气约有 11 万亿立方米。滨海砂矿资源丰富，钛铁矿、金红石、独居石、浩英石、玻璃砂矿等已发现的有 60 多种。我国海洋能的资源丰富，开发前景可观，随着科技的进步，国家对海洋能的开发也逐步重视与支持。海洋空间资源的开发也取得了一定的成绩。海洋旅游资源开发的广度和深度都在加大。

二、海洋资源的分类

全球海洋资源种类繁多，学术界对海洋资源的分类没有统一的标准，海洋资源按照空间视角的角度将海洋分为海洋水体之下的底土、海水与海水之上的空间；海洋资源按照资源形成的过程分为可再生资源和非可再生资源；海洋资源按照市场交易机制可以分为不可交易海洋资源和可交易海洋资源两类。朱晓东等（2005）按照资源的属性分为海洋物质资源、海洋空间资源和海洋能源三大类，三大类再根据具体的特性细分为海洋非生物资源（海水资源、海洋矿产资源）、海洋生物资源（海洋植物资源、海洋无脊椎动物资源、海洋脊椎动物资源）、海洋空间资源（海岸与海岛空间资源、海洋／洋面空间资源、海洋水层空间资源）、海洋能源（海洋潮汐能、海洋波浪能、潮流／海流能、海水温差能、海水盐度差能）。辛仁臣等（2008）根据属性和用途将海洋资源分为海水及水化学资源、海洋生物资源、海洋固体矿产资源、海洋油气资源、海洋能资源、海洋空间资源、海洋旅游资源七大类。

对海洋资源进行分类，便于在实践中掌控各类资源的数量、分布及使用情况，便于在实际的工作中设计并采用合理、科学、有效的开发方式，促进海洋资源可持续利用。本书将目前人类已经探测出的海洋资源根据海洋资源的用途和属性分为六大类：海水资源、海洋矿产资源、海洋生物资源、海洋能资源、海洋空间资源、海洋旅游资源。

第二节　海洋资源的研究意义

海洋是生命的摇篮，是构成地球生态系统的重要部分，维护着地球生态的健康与平衡。海洋蕴藏着丰富的资源，可以为人类的生存提供必需的物质基础和生存空间，研究海洋资源对人类有着非常重要的意义。

一、经济发展的需要，解决陆地资源的匮乏

海洋面积占据全球面积的 70.8%，随着人类社会的发展，各个国家对资源的需求度普遍增加，海洋为人类的社会发展提供了丰富的资源，开发海洋资源对国民经济的规模化增长有着重要的作用。海洋资源的大规模开发和运用可以推动产业规模升级，缓解资源源紧缺造成的经济规模增长缓慢的困境，尤其是一些岛国和人口比例较多的国家，土地与陆地资源的匮乏让这些国家必须把目光放在海洋的开发中。例如 2004 年，美国通过了《21 世纪海洋蓝图》《美国海洋行动计划》等政策，以政策的形式正式加大了对海洋的研究力度。美国将资源的开发重心从陆上转到海洋，通过现代化的高新技术手段，依靠海洋资源发展各种海洋新兴产业，为美国经济注入了新的活力，促进了美国经济的发展。

人类 21 世纪经济的发展驱动必将来自海洋，随着科技的发展，人类对海洋的认知也在开始逐步加深，陆地的主要的矿产资源可开采年限大多在 30～100 年之间，人类必须研究开发海洋资源用以解决人类可持续的发展问题。21 世纪是海洋经济时代，伴随着新兴海洋资源的探索应用与开发，全球范围内的海陆一体化经济格局正逐渐成型。从《联合国海洋法公约》实施到《联合国 21 世纪议程》发布充分说明海洋经济时代已经全面来临。

二、深化开放交流平台，增加国际合作

人类之间的战争与冲突无疑是资源的争夺战，海洋经济的到来让更的国家开始把目光投向海洋。海洋区域和陆上区域是不同的，陆地被海洋切割之后是独立存在的，而海洋是彼此连接的。领海范围内的海洋生物资源和海洋矿产资源可以独享，但是海水与海洋空间资源尤其是在人类认知范围以外的领域是无法由某些利益集团私有，海水的流动性、立体性和全球性决定了人

类必须共享海洋。海洋资源的开发会汇聚成一系列的海洋产业,海洋产业能够依托自身资源和区位优势,较为容易地获得区域外及国外的资源要素;与此同时海洋产业能够利用产业聚集和对外贸易的发展,带动区域经济向外向型发展。面对海洋,人类的认知是有限的,这种局限性需要国与国之间打破瓶颈深化交流,加大对外的开放,增加合作。

中国是对外开放交流加强国际合作的典范。自 1978 年改革开放以来,中国坚持深化对外开放,一直以积极的姿态参与全球的合作,14 个沿海城市凭借着优势的地理位置和海洋资源,充分加强与各区域国家的合作,成为中国经济最为活跃与受益的地区,对中国的经济和对外贸易的发展起到了非常重要的作用。在此基础之上,中国建立了自由贸易区,深圳、珠海、汕头、厦门、海南 5 个自由经济特区,在中国对外开放路上充分依托海洋与世界的联系搭建了各种不同的渠道。2018 年 4 月,中国宣布海南全岛建设自由贸易试验区,逐步探索稳步推进建设中国自由贸易港。中国积极推动 21 世纪海上丝绸之路的建设,这是一条和平之路、一条共享之路、一条发展之路、一条友谊之路。

事实证明,未来世界的主场在海洋,随着全球经济一体化的加剧,人类应该依托海洋,根据分工的不同,依自然规律,充分发挥每一种海洋资源的特性,积极发展发展外向型海洋经济,使海洋资源的价值乃至使用价值实现最大化,国与国之间需要积极探索共享合作模式才能达到共赢。

三、保护海洋环境,统一经济价值与生态价值

人类对海洋的探索开发虽然有着几千年的历史,但认知还是有限的,人类研究海洋资源的意义不完全在于对海洋资源的开发,而应该是一个全局的可持续的科学的利用观。海洋是构成地球生态系统中重要的一环,海洋资源的价值既有开发、使用和收益的经济价值,又有海洋自身所存在的对人类等一切地球生物有益的生态价值。对海洋资源应科学合理地开发,做到保护环境的同时,达到经济价值和生态价值的统一。

人类在之前开发海洋资源的活动中大致的一个程序是开发、利用、改造、破坏、污染然后付出昂贵的代价治理。例如海底石油,如果开采不当造成漏油事件对海洋和人类造成的危害都是连锁反应,不仅是海水污染,对海洋生物的危害也是致命的,有些海洋石油中化学物质的危害会造成海洋鱼虾的大

量死亡、珊瑚的白化、海鸟与哺乳动物的变异其至引发海洋生态系统的破坏。对海洋资源的研究是一个系统的工程,不仅需要我们考虑整个海洋生态链,还要持续关注它有可能造成的后续影响及连锁反应。海洋资源的存在有着自身独特的规律和生态链,每一种生命都是海洋生态系统中食物链的一环,人类在探寻与索取的过程中是不可以恣意妄为。假如人类为了某种利益将某一种海洋生物破坏或捕捞穷尽,上游的生物失去食物会面临绝境,下游生物失去天敌要么大肆繁殖要么发生变异最终也会面临绝境最终破坏整个生态平衡。

可持续发展是人类发展的必然选择,这种选择必须贯穿一切生产活动的始终。面对海洋资源的开发与使用,必须多方面论证,全方位的认知,以最大的限度合理高效的利用海洋。做到保护在前开发在后,人类要做的不是征服海洋,而是了解海洋认知海洋,尊重海洋。

第三节　海洋资源类别的概况

一、海水资源

(一)海水资源概述

全球海水的总量约有 13.7 亿立方千米,占地球总水量的 97%。从传统意义上水的构成来看海水不是单纯的水,海水中蕴藏着丰富的资源,它是一种可开发的海洋化学资源。全球发现的 100 多种元素中,海水中已发现的有 80 多种,各种元素在海水中的含量差别很大,其中氯、钠、镁、硫、钙、钾、溴、碳、锶、硼、氟 11 种元素的含量较高。由此可以看出,海水资源由水资源和化学元素资源组成,在地球的表面流动循环。

海水中淡水的比例是 96.5%,随着人类社会的不断发展,人口的增加、工业的发展再加上陆地上淡水资源的稀缺以及污染,21 世纪海水将成为人类用水的关键渠道。

(二)海水资源的开发利用

世界沿海国家都非常重视海水资源的开发利用,纷纷投入大量的人力物力研究以最低的成本利用海水。海水中蕴藏的元素很多，但是由于各种元素在海水中的浓度偏低，加之开发提取的技术不够成熟，成本过高，海水中的很多元素不能提取为人类大规模的使用。目前海水中大规模利用的主要有海盐资源、海水溴资源、海水碘资源、海水钾资源、海水镁资源、海水铀资源、海水锂资源。

海水现在普遍的使用方式主要是直接使用和海水淡化利用。海水的直接使用主要是有三个方面，一是一些沿海国家用海水代替淡水做工业用水，包括工业冷却水、洗涤水、水淬、净化以及工业除尘；二是农业和养殖业用水，包括海水灌溉（主要用于部分耐盐作物）和海水养殖；三是商业用水和部分城市生活用水，主要是用于消防、冲洗厕所、泳池用水与娱乐用水等，用来缓解城市用水的矛盾和压力。海水淡化是把海水中的盐分去除获得淡水的过程，海水淡化技术在 20 世纪 50 年代开始陆续研发并投入使用。目前存在的主要问题还是海水淡化的成本比较高，随着技术的不断改进，海水淡化的成本也将会逐步下降。海水淡化是解决人类淡水缺乏的最可靠的途径，这项工程的前景一定非常可观，最终会让全人类受益。

二、海洋矿产资源

（一）海洋矿产资源概述

矿产资源在人类社会的发展史上有着举足轻重的地位，矿产资源的非可再生性和有限性使得陆地上的矿产资源逐渐枯竭。海洋像一个聚宝盆一样，储存着大量的矿产资源，在大部分的矿产资源还没有找到低成本可再生的替代品能源时，人类把目光转向海洋。海洋矿产资源储量大，种类多。目前已探测到的在海洋中存储量比较多的有石油天然气资源、滨海砂矿、多金属结核矿、海底热液矿床、海底煤矿等。

（二）海洋矿产资源的开发利用

二战之后，世界科技和经济迅速发展，随着世界人口的剧增，陆地资源明显短缺，海上资源的开发利用就拉开了序幕，各个国家也开始了海上资源的争夺。海底石油和天然气是目前开采利用较多的矿产资源，目前世界上有100 多个国家和地区在从事海底油气勘探和开发。海底油气的分布并不均匀，由于科技的限制,人类最初的油气开采集中在大陆架地区。随着国际油价的居高不下,需求的不断增加,许多国家和一些有实力的大型油气公司开始进军深海,争夺石油和天然气。滨海砂矿目前已探明的有20多种,一般滨海砂矿由一种或几种矿产为主,伴有若干种有用矿物的不同组合,此类矿产的开采比较方便,各国的开采程度也不同。多金属结核矿与海底热液矿床的开发的程度是伴随着科技的进步与科研的深度而定。有专家称,目前人类所了解的与探测开发的海洋矿产资源不过是大海中的冰山一角,人类对海洋的认知远远比不上人类对太空的研究。绝大部分的海洋矿产资源还需人类科技达到一定的程度,揭开海洋的神秘面纱,才能大规模地为人类利用。

三、海洋生物资源

（一）海洋生物资源概述

海洋是生命的摇篮,其中人类已发现的物种有50多万种。这些物种生活在海洋的各个层面与角落,种类繁多并神秘莫测。科学家们在海底2 000米深的热液喷口(俗称黑烟囱)附近发现热水生物,有特殊的瓣鳃类生物,有长达3米而没有消化器官靠硫细菌生存的生物,生存在黑暗且高温高压的环境中,基因组专家认为这些生物接近所有生命的共同祖先(艾海,2010)。海洋生物有着区别于陆地生物的特有生物链,本书采用生物学的角度分,将海洋生物分为海洋植物资源和海洋动物资源。海洋植物可以分为低等的藻类植物和高等的种子植物,藻类植物有绿藻、硅藻、紫菜、海带、石花菜等,藻类不仅有些可以食用药用,而且对于维护海洋的生态平衡和物质循环有着很重要的作用;高等的种子植物有红树林与各种海洋草本植物等。海洋动物资源包括鱼类资源、软体动物资源、甲壳动物资源和哺乳类动物,海洋动物是海洋资源中最为活跃与重要的资源,它们的存在让海洋变得生机盎然、五彩斑斓,富有生命力。

（二）海洋生物资源的开发利用

海洋生物的用途非常广泛,随着科技的进步,人类对海洋生物的研究程度进一步加深,海洋生物的开发程度也将会进一步提高。海洋在生态平衡保持良好情况下,每年可以提供给人类3×10^9吨水产品,够300亿人食用,海洋向人类提供食物的能力相当于全世界陆地耕地所提供食物的 1 000 倍（朱晓东等，2005）。各个国家对海洋资源的使用主要体现在食用和药用方面。

海洋渔业资源是人类面对未知海洋的最初发现。自古至今人类对海洋渔业资源的开发主要体现为海洋捕捞和养殖，全球海洋捕捞和养殖的范围目前仅有海洋总面积的 10%，今后开发利用的空间还很大。海洋渔业资源作为人类重要的食物来源之一在人类的发展史上占据着重要的地位。

通过开发海洋生物资源可以解决随着人口增加，陆地资源的减少而带来的食物危机。藻类资源的利用比较广，不仅供人类食用和药用，还广泛用于饲料和肥料。鱼类资源是开发利用的主体，约有 25 000 种，我国海域约有 3 000 种，人类捕捞食用的主要的鱼类约有 200 种，它们是人类食用动物蛋白质的主要来源，有些鱼类资源也为人类提供了丰富的药品资源。软体动物资源是鱼类资源以外比较重要的海洋生物资源，常见的有牡蛎、扇贝、鲍、乌贼、蛤、贻贝等，它们肉质鲜美，可以食用，营养价值很高，壳是中药中的重要药材，有些壳比较精美，还可以做成艺术品。甲壳类动物资源的食用也非常广泛，主要是虾和蟹类。海洋哺乳类动物主要是海兽，它们有些经济价值比较大，随着人类欲望的加大，很多海洋哺乳动物遭到大规模的捕猎，导致数量在逐渐减少，很多国家开始呼吁保护海洋哺乳类动物，以维持生态平衡。

近年来人类对海洋的索取过度，为了高额利益大肆捕杀。受过度捕捞、海水污染等影响，渔业资源衰退严重，不仅物种种类明显减少，生物多样性也显著降低。海洋生物资源是一个不断更新的生命体，它有着自身独特的调节能力和动态平衡的过程，各个国家应该严格遵守《联合国海洋公约发》禁止过度捕捞，做到尊重自然规律，合理开发，合理利用。

四、海洋能资源

（一）海洋能资源概述

海洋能资源是海洋中所特有的一种自然能量资源，它是可再生资源，包括波浪能、潮汐能、潮流能、海水温差能、盐度差能等。

海洋能有几个特点，一是海洋能的蕴藏量非常丰富，是可再生资源。海洋能来源于太阳辐射能及天体间的万有引力，天体的正常运行使得海水的潮汐、海（潮）流和波浪等运动会一直存在，有太阳的照射就会有海水的温度差，有江河水的入海就有盐度差,这是一个周而复始的过程,不会停歇,因而海洋能取之不竭。二是海洋能的开发对环境没有污染,属于洁净能源。海洋能在开发使用的过程中消耗的是自然的能量,不会向大气中排放有毒气体,不会产生固体垃圾。三是能量密度低,多变不稳定。海洋能总量丰富但是单位内的密度较低,海洋能按照各自的规律运动变化,海洋环境也比较复杂,在开发使用上有一定的难度,但随着科学技术的日益进步,海洋能的利用终将会变得普遍,海洋能利用的形式也在不断更新。

(二)海洋能资源的开发利用

各个国家对海洋能的利用主要是将海洋能作为动力转换为电能、化学能和机械能。海洋能的开发利用历史比较悠久,正式进入公众的视野是从 20 世纪 70 年代开始,石油、煤矿等不可再生资源的储量告急,新能源开始受到重视并投入人力物力进行科研开发。潮汐能是人类利用最早的一种海洋能,它是海水在太阳和月球的引力作用下,周期性涨落所产生的势能。潮汐能的发电技术与水力发电技术相近,是通过建筑拦潮坝利用水位差——水头,使具有一定水头的潮水流过安装在坝体内的水轮机,冲动水轮机旋转,带动发电机发电(辛仁臣等,2008),潮汐能技术在国际上已经进入商业化的运行阶段。海洋中流动着的海流和潮流具有一定的动能,统称潮流能,潮流能和风力发电的原理相似,目前进行潮流能技术研发的国家有 13 个,掌握核心技术处于世界领先地位的国家是英国、美国、加拿大和挪威(刘伟民等,2018)。近年来波浪能的发电技术得到了快速发展,全球现在有 16 个国家利用波浪能发电,开发技术和应用规模处于世界领先地位的国家有英国、美国、丹麦、西班牙和澳大利亚(刘伟民等,2018)。温差能技术在日本、美国和韩国等发达国家都有了一些成功的案例。盐差能技术尚处于实验室验证阶段。海洋能作为未来的新兴产业,必将给海洋经济的发展注入新的活力,随着技术难题的攻克,21 世纪海洋能的发展必将迎来新的时代。

五、海洋空间资源

(一)海洋空间概述

海洋中可以利用的海洋水域、海洋上空、海底和海岸空间统称为海洋空间,它包括浅海、湿地、滩涂、港湾、海岛、海域、海面等,海洋空间资源既是进行各种海洋资源开发、利用、保护活动的场所,也是各类海洋资源存在、生长的载体。海洋面积占地球总面积的 70.8%,是地球陆地面积的两倍,伴随着全球人口的增加,地球上陆地资源已经不能满足人类的需求,发展海洋空间是人类的必然选择。

(二)海洋空间的开发利用

人类最早对海洋空间的利用主要是集中在海岸和距离海岸比较近的近海区域,利用海滩、湿地和港湾等空间来发展海洋交通运输。随着海洋交通系统的进一步完善和海洋开发技术的发展,海洋空间的开发规模和开发内容也更加丰富。21 世纪对海洋空间资源的开发主要是体现在以下三个方面,一是围海造地,建造海上人工岛。荷兰通过围海造田使国土面积扩大了1/5,成为欧洲主要的农业大国。围海造地和海上人工岛对陆地紧缺的国家尤为重要,全球其他岛国例如日本、新加坡、印度尼西亚、马来西亚等国家都非常重视。二是海洋牧场和海上工厂。海洋牧场可以发展海洋养殖业,以满足人类对渔业资源的大量需求,近几年海洋工厂的发展比较迅速,例如一些成型的液化天然气厂、石油提炼厂、纸浆厂、发电厂、海水淡化厂等。三是海上大桥、海底隧道和海上机场。单纯的海洋运输已经不能满足人类的需求,很多海洋岛国和沿海国家充分利用自己的地形条件建设海上大桥和海底隧道。例如意大利的威尼斯,建设了 400 多座海上大桥。与建造海上大桥一样,很多岛国和沿海国家也积极建造海底隧道,全世界现在已有 200 多条海底隧道。陆上机场已经不能满足航空事业的快速发展,海上机场的数量也在逐渐增多,海上机场不仅可以减少陆上用地,还可以缓解机场对城市环境造成的空气和噪声的污染。

六、海洋旅游资源

(一)海洋旅游资源概述

海洋旅游资源包含的内容是多方面的,沿海国家都在利用自己的领海和广阔的公海发展海洋旅游,建设旅游基地。海洋旅游作为海洋产业中重要的一个产业点,与海洋石油、海洋工程并列为海洋经济的三大新兴产业。早期人类的海洋旅游主要是指海洋旅行,随着经济的发展和科技的进步,人类对海洋旅游活动的层面和深度都在不断地挖掘,以满足不同层次和类型的消费者的需求。现代的海洋旅游开始于 18 世纪,以出现于 1730 年在英国的海水浴为代表。19 世纪上半叶,蒸汽机在轮船的应用正式掀开了海洋旅游的面纱,一直到二战结束,交通工具的改善及全球经济的快速发展也带来了海洋旅游资源的快速开发。

海洋生态旅游不仅是海权形象的重要载体,同时也是塑造海洋强国形象的一个重要支撑点。发展海洋旅游,不仅可以促进民间交流,树立海权形象,还可以通过旅游来丰富海洋业态,保育海洋环境,培植海洋文化,传播国家文化形象,最终优化国家政治形象。海洋旅游资源在开发过程中需要开发者和政府关注的是要高度依赖于健康的海洋环境,要注重对海洋物种与海洋环境的保护,充分考虑海洋环境的复杂性、资源的依赖性、发展的可持续性。

(二)海洋旅游资源开发

海洋旅游资源类型多种多样,主要包括利用海岸、滨海、深海资源开发的一些旅游项目。常见的海洋旅游资源有以下几种。

珊瑚礁资源。珊瑚礁有多种多样的形态,以珊瑚种群为聚集,吸引多种物种。珊瑚礁需要稳定的温度和没有污染的安全海域,它集中分布在热带的浅海区域,全球约有 28.4 万平方千米。旅游景点主要是通过潜水项目观赏珊瑚聚居地,比较著名的珊瑚礁旅游景点是澳大利亚的大堡礁。由于全球环境的变化、人类开发的破坏以及海洋污染尤其是石油泄漏等地面化学物品的污染,珊瑚礁的白化现象越来越严重。

海岸资源与潮间带。这一类型的开发主要是集中在一些景区利用海岸资源和沙丘开发一些近海的水上运动和近海的观光游乐项目。例如海上摩托艇和海上皮划艇等娱乐项目。比较突出的是一些知名的酒店品牌建立在海岸附件充分利用海岸景观作为游客的休憩与游乐场所。海岸资源的开发目前给全球带来的弊端有污染物的排放和红树林的破坏,频繁的人类活动也会对一些两栖动物的生存造成不良影响,沙蟹和海龟种类和数量的减少就是比较明显的案例。

远洋资源。这一类型在旅游方面主要体现在邮轮游艇的开发与利用上。

各大航线的开发与邮轮游艇价格的日益亲民,邮轮游艇行业日益兴盛起来。

海洋动物资源。越来越多的海洋动物被开发利用到各种旅游项目中去,最常见的是世界各地的海洋馆,也有一些地方利用浅海发展人与动物互动的海上游乐场,通过潜水与海豚、鲸鱼等大型海洋物种近距离接触。 例如三亚亚特兰蒂斯酒店,建有"失落的空间"水族馆,游客可观赏到鲨鱼、鳐鱼、水母、倒吊鱼、海鳝和巨骨舌鱼等逾 280 种生物,还可在潜水项目中与异域海洋生物共舞。

文化资源。海洋的文化资源主要体现在渔民发展史与世界航海史上。海洋文化具有历史性、开放性、冒险性和外向性,发展旅游可以将海洋文化同各个沿海地区的城市或者国家结合起来共同打造具有海洋特色的地域文化。一些地区也在开始利用海底沉船建造海底博物馆,或者是将一些沉船的残骸打捞上来展列在陆上博物馆中。

思考与练习

1. 海洋资源与陆地资源的区别?
2. 发展海洋旅游的必要性。

第四章

海洋产业

海洋产业是指人类利用海洋资源和空间所进行的各类生产和服务活动。在世界范围内已发展成熟的海洋产业有海洋渔业、海水养殖业、海水制盐及盐化工业、海洋石油工业、海洋娱乐和旅游业、海洋交通运输业和滨海砂矿开采业等。

第一节　海洋产业结构演进与优化

一、海洋三次产业的界定

按照中华人民共和国国家标准《国民经济行业分类》(GB/T4754—2002)和中华人民共和国海洋行业标准《海洋经济统计分类与代码》HY/T052—1999的规定,对海洋三次产业做如下划分,海洋第一产业包括海洋渔业;海洋第二产业包括海洋油气业、海滨砂矿业、海洋盐业、海洋化工业、海洋生物医药业、海洋电力和海水利用业、海洋船舶工业、海洋工程建筑业等;海洋第三产业包括海洋交通运输业、滨海旅游业、海洋科学研究、海洋教育、海洋社会服务业等。

二、海洋产业结构演进规律

海洋产业结构演进的一般规律表明海洋产业的演变和发展基本遵循从第一产业到第二产业为主导,再从第二产业到第三产业为主导的动态演变规律。而区域海洋经济结构一般的演进规律为以海洋运输、海洋水产、海盐等传统产业为支柱的起步阶段,逐步转变为以海洋石油、海上矿业、海洋生物工程、海洋船舶等海洋第二产业为发展重点的高速发展阶段,以海洋运输、海洋信息、技术服务、滨海及海岛旅游等海洋第三产业为主导的高级化阶段,即海洋经济的"服务化"阶段。市场需求、技术进步、经济效益、区域协调发展、可持续利用海洋资源和环境以及综合效益等,使得海洋产业结构趋于协调是海洋产业未来优化升级的方向。

三、中国海洋产业结构演进情况

中国不但是陆地大国,也是海洋大国,改革开放之后中国海洋经济得到了迅速发展,取得了举世瞩目的成就。自 2001 年以来,中国海洋经济平均增长率达到 16.3%,增长速度快于国民经济增长以及一直处于领跑地位的沿海发达地区经济的增长。但中国海洋经济发展中还存在深层次的结构问题,传统产业粗放型发展的问题依然存在,同时面临资源、环境问题等诸多挑战。中国海洋三次产业结构变动总体趋势趋于稳定,中国海洋产业呈现"三、二、一"的分布格局,其中海洋第一产业所占比例稳定在 5.5% 左右,在 2001—2006 年间海洋第二产业所占比例不断上升,第三产业比例不断下降,这段时间海洋产业的发展呈现出从第二产业到第三产业为主导的演化过程。2006 年以后,海洋第二产业与第三产业所占比重交替领先,由于海洋产业有别于传统陆域产业,海洋产业发展是建立在开发和利用海洋资源,所以这段时期的产业演进过程与传统陆域产业的演进过程有所不同。三次产业的平均占有率分别为 5.78%、46.00%、48.22%,第三产业暂时成为主导产业,但是比重优势不明显,中国海洋产业发展主要还是第二或第三产业为主导。

按照《中华人民共和国国家标准—海洋及相关产业分类》(GB/T 20794—2006),确定为以下主要海洋产业部门,包括海洋渔业、海洋油气业、海洋矿业、海洋盐业、海洋船舶工业、海洋化工业、海洋生物医药业、海洋电力业、海洋工程建筑业、海水利用业、海洋交通运输业、滨海旅游业、海洋科研教育管理服务业 13 个内部产业。由于海洋产业与传统陆域产业不同,以开发和利用海洋资源为基础的海洋产业体系,其结构变化与海洋产业本身的资源性有关。属于海洋第一产业的海洋渔业发展绝对量增加了 300%,但是所占主要海洋产业的比重上呈现逐年下降的趋势。属于海洋第二产业的8个产业部门中，所占比重较大（超过1%）的4个产业分别是海洋油气业、海洋船舶工业、海洋工程建筑业、海洋化工业，这4个产业部门从绝对量和所占比重上，总体趋势都是不断上升，但是发展过程中，出现了很大的波动，说明海洋经济发展是这4个产业发展的决定要素，但是产业发展的过程和特点受到多方面因素的制约。其他所占比例低于1%的5个行业，其本身特点资源依赖性比较强，发展更多地依赖于资源与技术发展，所以所占比重较小。属于海洋第三产业的三个产业部门中，排除2003年受到非典的影响，滨海旅游业所占比重不断上升，海洋交通运输业所占比重不断下降，说明海洋第三产业内部结构升级过程呈现传统流通部门比重下降，现代服务业比重上升的特点，海洋科研教育管理服务业本身又分为生产服务业与生活服务业，对于海洋第二、第三产业的发展具有推动作用，总体所占比重是13个行业部门中最高的，平均比重为31.07%，但是从2009年开始出现了下降的势头，总体比重均低于平均比重。

四、海洋产业结构对于海洋经济增长的贡献

排除2009年受国际金融危机影响，中国海洋油气业、海洋交通运输业出现大的负增长外，总体来看，主要海洋产业对于中国海洋经济增长的贡献差异较大，存在结构性问题。其中对海洋经济增长贡献最大的是海洋交通运输业、滨海旅游业、海洋科研教育管理服务业，都是海洋第三产业中的行业部门，而滨海旅游业与海洋科研教育管理服务业对于海洋经济增长贡献率波动较小，滨海旅游业与海洋交通运输业贡献率呈现此升彼降的变化特征。属于海洋第二产业中的9个产业部门，海洋矿业、海洋盐业、海水利用业、海洋电力业、海洋生物医药业这5个产业部门贡献率偏小，主要是因为行业本身的资源依赖性较强，同时对于开采技术、利用技术的发展有较高的要求。海洋油气业、海洋船舶工业、海洋化工业、海洋工程建筑业这4个产业贡献迅速扩大，平均贡献率分别为8.87%、6.95%、5.47%、9.50%。海洋油气业贡献率波动较大，主要是由于国际市场变化和资源量、开采技术的影响，但是除去负增长的年份，其贡献率在15%以上。海洋船舶工业、海洋工程建筑业贡献率总体趋势不断上升，在2009年以后出现了大幅度的下降。这种先升后降的现象表明，这些产业对于海洋经济的增长具有很强的短期效应，但是其长期

发展过程中出现了瓶颈,如果可以着力改变这一情况,其对于海洋经济增长将起到重要的推动作用。属于海洋第一产业部门的海洋渔业平均贡献率为11.41%,贡献率呈现波动变化。

通过以上分析,可以得出海洋经济系统中的产业结构变化总体表现情况:传统的资源性部门、传统流通部门对于海洋经济增长贡献率不断减小,新兴的生产生活服务部门,以及附加值高、技术密集型部门对于海洋经济增长贡献率不断增加,产业内部要素偏转的情况存在,劳动密集型逐渐转为资本及技术密集型产业。产业结构的变动对于经济增长的作用主要体现在资本、劳动力、技术在一定产业组织下进行资源配置,从而促进经济增长。海洋产业发展过程中,通过不断调整产业结构,可使海洋资源、科技得到更高效率的配置,从而提高生产率,促进经济增长。因此,国家、政府在制定海洋发展战略时,合理的规划、调整行业结构,大力发展技术含量高、附加值高、产出效率高的产业部门可以有效地促进中国海洋经济的进一步发展与壮大。

第二节　海洋第一产业

海洋第一产业,主要指海洋渔业,在中国有着悠久的发展历史。优越的自然环境,为中国海洋渔业的发展提供了物质保证;沿海各地开发海洋的热情,又极大地促进了中国海洋渔业的发展。自从改革开放以来,沿海地区加大了海洋开发的力度,海洋水域正承受着前所未有的巨大压力,一些水域的初级生产力遭到过度使用,水环境受到破坏,水域的负载能力严重下降,已成为制约海洋渔业发展的重要因素。对中国来说,积极调整渔业内部结构,发展高效优质水产品种,增加食物供给,提高食物质量,加强病害防治,强调合理利用水域资源,是实现中国海洋渔业可持续发展的必由之路。海水养殖业是海洋渔业中的重要产业,特别在近海渔业资源日趋减少的情况下,发展海水养殖业是支撑海洋渔业的重要途径。

一、中国海洋渔业发展历程

中国海洋渔业的发展的决定性因素,一是政策,二是科技,但是就两者相比而言,促使中国海洋渔业 20 世纪 80 年代以来发生翻天覆地的巨变的决定性因素,更主要地是国家给予海洋渔业的指导方针和优惠政策。

(一)政策因素

在改革开放以前,由于受到"左"的思想影响,加上工作中的失误,到 20 世纪 70 年代末,水产业面临着的问题和矛盾很多,严重阻碍了自身发展。

1979 年全国水产工作会议把存在着的问题归纳为五个方面:一是水产资源遭到严重破坏,近海捕捞能力成倍增加,酷渔滥捕,有的鱼类已形不成鱼汛;二是人工养殖发展缓慢,内陆水面和浅海滩涂利用率很低,养殖品种单一;三是水产品质量差,腐烂程度严重;四是集体经济薄弱;五是设备落后,技术水平低。

根据这种状况,这次会议认为水产工作重点转移,首先应从调整入手,贯彻执行"大力保护资源,积极发展养殖,调整近海作业,开辟外海渔场,采用先进技术,加强科学管理,提高产品质量,改善市场供应"的方针,力争在 1985 年前,近海资源得到恢复和增殖,进一步开发利用外海渔场,养殖生产全面铺开,建成一批商品鱼基地。因此,保护、增殖和合理利用资源,大力发展养殖,加强加工保鲜,提高产品质量,就成为这次全国水产工作会议提出要集中精力抓好的三项重要工作。三个调整重点的提出,对 20 世纪 80 年代中国水产业发展起到了积极的指导和推动作用。实践表明,这一产业政策对今后中国水产业长远发展仍然具有重要的指导意义。

在 20 世纪 80 年代,中国政府和水产主管部门清醒地分析国情,逐渐明确必须像重视耕地一样重视水域的开发利用,把加速发展水产业作为调整农业产业结构的一个战略措施来部署;逐步明确发展水产业必须实行"以养为主,养殖、捕捞、加工并举,因地制宜,各有侧重"的方针。为了更好地贯彻这一方针,1986 年全国农业(水产)工作会议上正式提出水产业要"发展两头,改善中间,突破加工"。"发展两头"就是一头发展海、淡水养殖业,一头发展外海、远洋渔业;"改善中间"就是调整好作业结构,保护,增殖,合理利用近海和内陆水域渔业资源;"突破加工"就是要集中力量,突破加工的薄弱环节,加速发展水产品加工业。这次会议进一步明确淡水养殖业要巩固提高老区,积极开拓新区。海水养殖业要鱼、虾、贝、藻并举,注重提高鱼虾和海珍品比重,形成拳头产品,多出口,多创汇。继而又按照不同生产门类和地区,明确工作重点,实行分类指导,使整个水产业步入充分利用自然和经济优势的合理化结构和发展轨道。

进入20世纪90年代以后,以市场为导向已经成为中国各个产业发展的重要内容。在1991年召开的全国水产工作会议上,在总结"七五"工作和分析形势的基础上提出"八五"期间水产业发展的基本思路仍然是"发展两头,改善中间,突破加工",但是,根据新的条件和新的情况,要把市场考虑进去,即"发展两头,改善中间,突破加工,梳理流通",更加注重通过梳理流通开拓市场来促进生产协调发展。对"发展两头"也赋予了新的内容,如发展养殖不是指单一的水产养殖,还要充分利用有利的资源条件,积极发展渔农、渔牧、渔副相结合的综合经营。

(二)科技因素

新中国成立后,水产界认真贯彻党的"经济建设必须依靠科学技术,科学技术工作必须面向经济建设"的方针,在水产养殖等众多领域取得了一系列的重大突破,推广了一大批科研成果,带动了水产养殖业的整体技术水平的提高。

从海水养殖方面来看,科技发展经历了四次浪潮,在20世纪五六十年代分别攻克了海带人工育苗和全人工养殖技术、紫菜生活史研究和全人工养殖技术难关的基础上,70年代解决了贻贝养殖技术,并突破了对虾工厂化育苗和养殖技术,80年代又解决了扇贝、鲍鱼等海珍品的人工育苗和养殖技术,90年代又在掌握海水鱼如真鲷、黑鲷、牙鲆、梭鱼、河豚、鲈鱼、石斑鱼、鲻鱼、大黄鱼等人工育苗和养成技术方面陆续取得新的进展。这些技术的历史性突破,为80年代以来中国海水养殖业蓬勃发展奠定了技术基础。使许多过去被称为"海珍品"的海产品,也成为百姓菜篮子中的一员。

二、海洋捕捞业的发展状况

海洋捕捞业是利用各种渔具(如网具、钓具、标枪等)、渔船及设备在海洋中捕捞具有经济价值的水生动、植物的生产行业,是传统海洋产业,是海洋水产业的重要组成部分。海洋捕捞业,从渔场利用方面划分,一般分为沿岸捕捞业、近海捕捞业、外海捕捞业和远海捕捞业。捕捞渔具主要有拖网、围网、流刺网、定置网、张网、延绳钓、标枪等，其中以拖网、围网为主。

海洋捕捞业具有工业性质，其捕捞水平的高低，既与海洋经济生物资源的蕴藏量、可捕量有关，也与一个国家或地区工业发达程度，渔船、网具、仪器等生产能力和海洋渔业科研水平高低关系很大，所不同的是海洋经济生物资源具有自然再生能力。海洋捕捞业一般具有距离远、时间性强、鱼汛集中、水产品易腐烂变质和不易保鲜等特点，故需要作业船、冷藏保鲜加工船、加油船、运输船等相互配合，形成捕捞、加工、生产及生活供应、运输综合配套的海上生产体系。

我国海洋捕捞业存在的问题如下。

（一）我国海洋捕捞产量已连续多年世界之最，但捕捞强度过大

尽管渔获量在 20 世纪 70 年代末和 80 年代初曾有所下降，但总体上从 50 年代初开始，我国海洋捕捞产量基本上都保持着强劲的增长趋势。然而，这种表面上看似旺盛的海洋捕捞活动，很难掩盖我国海洋捕捞业面临巨大压力这一现实。事实已经明显表明，我国海洋捕捞业已经发展到了一个非常关键的时期：近海底渔资源利用过度，捕捞强度超过资源再生能力；近海水质污染严重，加剧了近海渔业资源的衰退。尽管一种普遍的看法是我国近海捕捞能力已远远超过了可持续渔业所能够承受的水平，其增长趋势依然没有得到有效地遏制。渔业法规本身存在的制度性缺陷，以及渔政执法能力的先天不足和组织结构的松散低效，导致非法捕捞和违规作业屡禁不止，渔业管制失灵已成为一个不争的事实。现有渔业管理制度安排和渔业资源固有的生物经济特性的不相吻合，导致捕捞竞争失控，渔民缺乏养护资源的基本诱因。

（二）我国海洋鱼类资源衰退严重，传统经济鱼类无法形成规模

大部分海洋鱼类种群已被充分利用，有的甚至已经枯竭。近海鱼类种群的相对比例也已发生了重大变化，这直接反映在渔获物的构成上。例如上岸鱼类已经历了从大规格高价值种类向小规格低价值种类、从底栖和肉食性的上层种类向浮游生物食性的上层种类以及从成熟个体向不成熟个体的转变过程。除了带鱼以外，像乌贼、大黄鱼和小黄鱼等历史上的主捕对象在商业

上已经不那么重要了,而某些新开发的种类,例如 20 世纪 70 年代后期开发的马面鲀,一旦进入商业捕捞阶段,其群体很快就表现出衰退的迹象。更有甚者,由于受过度开发、利用不当和海洋环境污染等多种因素的影响,许多沿岸和近海渔场已经完全消失或移向外海。

(三)我国渔船捕捞装备技术落后,捕捞效率低

我国海洋渔业装备技术落后,尤其是捕捞装备,助渔导航仪器等方面存在着自动化程度低,配套设备不齐全,仪器设备可靠性差等问题。大型远洋渔船及捕捞设备依赖进口,而且主要是进口国外二手设备。捕捞生产以粗放型为主,我国鱿钓平均产量比发达国家同类船低 18%,金枪鱼钓单船平均产量不到渔业发达国家和地区如日本和我国台湾省的 1/3。作业方式与产业结构不合理。选择性捕捞作业方式的比例很小。渔船、渔具渔法、捕捞装备技术研究独立开展,没有系统进行。缺少科技支撑,捕捞装备科研边沿化。渔船数量增加,船舶趋于小型化。违规渔船的存在是我国海洋捕捞强度失控的主要原因。

三、海水养殖业的发展状况

随着科技进步,中国适宜海水养殖的浅海、滩涂水域在增加,发展潜力很大,海洋农牧化的条件良好。在滩涂上除建池养殖鱼虾蟹类以外,还有大量护养海滩,管养着牡蛎、蛏、蚶、蛤等滩涂贝类。

浅海养殖方式主要是筏式养殖、网箱养殖、沉箱养殖、海底增殖等。现在的养殖技术越来越成熟,发展较快,养殖量大的除有海带、裙带菜、紫菜等藻类,扇贝、牡蛎、鲍鱼、魁蚶等贝类,还有海参、大菱鲆、真鲷、石斑鱼、河豚、大黄鱼、鳗鱼等。

值得强调的是近十年来中国海水网箱养鱼增长较快,引用池塘精养技术、淡水小网箱养鱼新技术,搞好鱼种、水质、饲料、管理等四方面的配套,使养殖鱼种增多,养殖海域扩大,养殖技术不断改进。

海水养殖业发展的主要问题如下。

(一)海水养殖结构与布局不够合理

中国海水养殖区主要集中在海湾、滩涂和浅海,问题较多。一是养殖布

局不合理。由于养殖对虾、扇贝等优质品种见效快、效益高,近年来发展很快,而这些养殖又大多集中在内湾近岸,如港湾利用率高达 90% 以上,导致内湾近岸水域养殖资源开发过度,虽然港湾养殖面积仅占全国海水养殖面积的 30% 左右,但是产量却约占海水养殖总量的 50% 以上。而 10～30 米的等深线以内水域养殖资源利用不足,10 米等深线浅海面积利用率不到 10%;10～30 米等深线以内的浅海开发利用率更低;滩涂面积利用率为 50%。二是掠夺性使用养殖海域,不管长远生态效益和环境效益,养殖量严重超过养殖容纳量。由于部分水域放养过密,养殖生物产生的排泄物和分泌物大量累积于养殖区的底部,以及部分饵料过剩变成对水体有害的污染物等原因导致了养殖水体富营养化,有害藻类和病原微生物大量繁衍,致使养殖品种病害增加。

(二)海水养殖开发与保护的管理法规不健全不完善

海水养殖开发与保护的管理法规有些难以适应市场经济发展的要求,经常出现无法可依或有法难依的局面,主要表现在如下方面。

一是有关海水养殖的渔业立法具有计划经济管理色彩和痕迹。由于大多数渔业法律、法规是在计划经济体制理论和实践支配的背景下制定,法律规范的明显特征就是维护行政权力的权威性。其行政性规范居多,体现平等、自愿、等价、有偿和诚实信用等市场经济原则的法律规范比较薄弱,难以适应社会主义市场经济的要求。

二是渔业立法滞后,与渔业发展要求不相适应。现阶段的渔业立法中,重行政管理,轻主体权利;重行政手段,轻管理程序。十几年来,虽然在国家对渔业的管理和调控方式、生产经营制度、产权制度、流通制度、分配制度等方面,都取得了实质性和革新性的进展,但是在有些方面也存在着由于立法滞后带来的一些问题,例如,水域所有权、使用权、收益分配权不明确等问题。

三是渔业立法薄弱。中国水产总产量虽然连续 8 年位居世界首位,但渔业立法与日本、韩国等国家相比,仍相差甚远。中国虽然颁布了《渔业法》,但与之配套的法律法规仍然比较薄弱。

四是有法不依、执法不严现象依然存在。现在渔业立法与执法差距加大,一些地方和部门片面强调地方利益、局部利益,执法不严、违法不究现象也非常多,有的违法者得不到应有的惩处,使法律失去了权威性。

五是渔业执法手段落后,装备较差,队伍的素质不高,为海水养殖业发展保驾护航的能力较弱,难以保障海水养殖业健康发展。

(三)海水养殖业尚未实现"清洁生产"

目前,海水养殖主要是在海洋污染最严重的场所如河口和近岸海域进行,影响生物的正常发育,导致病害。中国长期以来,出口海洋贝类等水产品仅是进行终端产品的检验,而没有进行全过程的清洁生产把关,因此存在着出口受限制的危险。同时,食用这样的海水养殖产品也会对国人的身体健康产生影响。

(四)海水养殖业自然灾害严重

中国濒临太平洋,有18 000多千米的漫长大陆海岸线,近海海洋经济活动发达,沿海地区人口密集、资产集中,正是这样的自然地理条件和经济发展状况,使中国容易遭受巨大的海洋灾害损失。

四、中国海洋渔业10年走势分析

未来10年,伴随海洋渔业不断转型升级,中国海产品供给能力将进一步增强,海产品的市场容量和消费群体也会不断扩大,中国海洋渔业将为保障国家粮食安全、农村经济稳定发展做出更加重要的贡献。

(一)捕捞产量增长停滞甚至可能下降

受近海渔业资源持续衰退以及中国政府对各种违法违规捕捞行为惩处力度不断加大的影响,近海捕捞产量增长将停滞甚至下降。未来10年,远洋渔业产量或有进一步增长空间,不过受国际渔业资源争夺加剧,以及远洋水产品销售价格变化等因素影响,远洋渔业发展面临很多不确定性。

(二)养殖产量增速下降

海水养殖方面,工厂化养殖将成为水产养殖方式转变的必然趋势。与传统养殖方式相比,工厂化循环水养殖具有节水、节地、高密度集约化和排放可控的特点,符合可持续发展的要求。在普及工业化养殖的前提下,到2020年,工业化养殖对中国海水鱼类养殖年产量的贡献率将达30%。未来10年,随着工厂化养殖技术的进一步成熟以及养殖用地、用水成本的上升,工厂化养殖比例将逐步提高。

五、不确定性分析

(一)气候变化对渔业资源走势带来变数

根据全球地表温度测量资料,全球气候呈现以变暖为主要特征的显著变化,全球海洋平均温度的增加已延伸到至少3 000米的深度,海洋已经并且正在吸收80%被增添到气候系统的热量。气候变暖导致的海平面上升,一方面淹没了沿海土地,减少了海水养殖面积,另一方面使得诸如海啸、风暴潮等极端海洋灾害更容易发生。此外,海水温度变化还影响鱼类的生活史及种群量的变化,最终影响渔业资源开发利用以及捕捞产量的增长。

(二)养殖方式及生态环境对养殖产量与质量影响的不确定性

近年来,地方政府为了追求经济效益批准了大量的涉水工程,挤占渔业水域和滩涂资源,破坏水生生物栖息地,使海洋养殖业发展的土地及水资源供给严重减少。与此同时,随着海洋开发力度加大以及陆源污染物倾入近海及沿岸,近岸海域污染范围不断扩大,海水水质不断下降。

(三)国际和周边渔用形势可能影响海洋捕捞发展

随着全球范围内渔业资源衰退趋势加剧以及国际化程度不断提高,中国渔业发展面临的国际和周边环境更趋复杂。国际渔业资源争夺和渔业利益冲突更加激烈,通过市场措施打击非法捕捞等新制度的实施以及远洋渔业配额管理制度日趋严格,对中国渔业生产、经营和管理提出了更高要求。近年来随着中日、中韩等渔业协定的执行,周边渔业环境发生很大变化,越界捕捞等违法活动显著增加,预计周边渔业涉外纠纷在一段时期内将长期存在。以上因素都会对中国近海捕捞及远洋渔业发展产生很多不确定性影响,从而可能影响海洋捕捞产量的增长。

第三节　海洋第二产业

海洋第二产业是对海洋初级产品进行再加工的部门,包括海洋油气业、海洋矿业、海洋盐业、海洋化工业、海洋生物医药业、海洋电力业、海水利用业、海洋船舶工业、海洋工程建筑业等行业。

一、海洋油气业

海洋油气业是指在海洋中勘探、开采、输送、加工原油和天然气的生产活动。据预测,全球陆上的油气可采年限为30～80年。随着对石油需求的快速增加,进入21世纪后,世界步入了石油匮乏的时代,也就是所谓的"后石油时代"。

海洋油气的储量占全球总资源量的34%,目前探明率为30%,尚处于勘探早期阶段。丰富的资源现状让全世界再次将目光瞄准了海洋这座石油宝库。目前,深水和超深水的油气资源的勘探开发已经成为世界油气开采的重点领域。在海洋石油方面,过去十几年世界上新增的石油后备储量、新发现的大型油田,有60%多来自海上,其中大部分是来自于深海。中国的沿海大陆是环太平洋油气带的主要聚集区,蕴藏着丰富的石油储量,据预测,中国海洋油气的资源量达数百亿吨。作为全球石油消费第二大国,2009年中国的原油对外依存度已超过50%,因此,加快中国海洋石油工程业务的发展已势在必行。

(一)世界海洋油气资源分布及储量

在四大洋及数十处近海海域中,油气含量最丰富的首为波斯湾海域,约占总储量的一半左右;其余依次为马拉开波湖海域(属委内瑞拉)、北海海域、墨西哥湾海域、中国南海以及西非等海域。海洋油气资源主要分布在大陆架,约占全球海洋油气资源的60%,但大陆坡的深水、超深水域的油气资源潜力可观,约占30%。两极大陆架也蕴藏着丰富的油气资源,其中俄罗斯海洋油气资源的80%以上聚集在其北极海区域。

(二)中国海洋油气资源分布及储量

中国海上油气勘探主要集中在渤海,黄海,东海及南海北部大陆架沉积盆地。中国海洋石油资源量占中国石油资源总量的 23％；海洋天然气资源量占总量的 30％。而目前中国海洋石油探明程度为 12％（世界海洋石油平均探明率为 73％），海洋天然气探明程度为 11％（世界海洋天然气平均探明率为 60.5％），远低于世界平均水平。海洋油气整体处于勘探的早中期阶段，资源基础雄厚，产业化潜力较大，是未来中国能源产业发展的战略重点。

近 10 年来，中国新增石油产量的 53％ 来自海洋，2020 年更是将达到 85％。海洋油气业继续保持快速发展。中国海洋石油天然气开采能力不断增强，海洋油气业继续快速发展。海洋油气勘探自主创新能力逐步增强，海洋油气发展潜力进一步提高。

二、海洋矿业

海洋矿业即海洋采矿业，是指开采海滨和海底矿产资源的生产行业。

（一）海洋矿业开发现状

几十年来，随着人类对资源的需求不断增加，陆地上的资源供给越来越乏力，一些国家和国际矿业正以极大的关注和热情瞄准深海矿产资源的开采。海洋和洋底单位面积的潜在商业矿产和陆地是类似的，埋藏在海水或洋底的矿产占全球矿产资源的 3/4，但几乎未被开发。实际上，仅太平洋洋底的面积就比整个地球陆地的总面积还要大。

目前对海洋矿产资源的开发主要集中在勘探和开发一些特殊的资源方面，如金刚石、天然气水合物、多金属硫化物以及一些沿海国家或岛国关切的可持续的淡水资源等。另外，由于全球稀土金属市场主要由中国主导，而多数国家在这方面存在很大的短缺，所以寻找富含这类金属的海底金属氧化物（锰结核和锰结壳）被重新提上议题。这些稀土元素金属是航天、通讯和电池工业所必需的，其在海底金属氧化物中虽然仅以痕量（百万分之几）元素的形式存在，但却显著提升了海底矿石的经济价值。

（二）海洋矿业开发弊端

深海采矿商业利益的增加伴随着环境破坏、海洋生态破坏和生物多样性的影响的潜在担忧急剧上升。绿色和平组织指出，把海洋生物暴露在矿产金属和酸性物质中，可能产生有毒物质影响海洋食物链。深海拖网捕鱼已经表明,海洋地形的破坏会对鱼类造成很大影响,特别是减缓了物种的繁殖。在海床上钻刮,破坏深海珊瑚等栖息地;钻采时扬起的沙尘,则遮蔽阳光,令浮游植物无法进行光合作用,制造食物;采矿更会将深藏地表中的重金属带进食物链,毒害生物。除了对海洋生态系统的影响,这些问题也可能对沿海居民的生计造成严重影响。显然,对于深海采矿而言,直面的重大挑战之一是实现经济增长和环境完整性的平衡。鉴于目前有关在各国领海内进行矿石开采的法律法规限制并不多,有的甚至一片空白,应尽早采取行动,通过立法,保护敏感而脆弱的海底生态系统,尽量降低海底开采对环境的影响。

三、海洋盐业与海洋化工业

海洋盐业指海水晒盐和海滨地下卤水晒盐等生产和以原盐为原料,经过化卤、蒸发、洗涤、粉碎、干燥、筛分等工序,或在其中添加碘酸钾及调味品等加工制成盐产品的生产活动。

海洋化工业指以海盐、溴素、钾、镁及海洋藻类等直接从海水中提取的物质作为原料进行的一次加工产品的生产,包括烧碱(氢氧化钠)、纯碱(碳酸氢钠)以及其他碱类的生产;以制盐副产物为原料进行的氯化钾和硫酸钾的生产;溴素加工产品以及碘等其他元素的加工产品的生产。海洋化工业包括海盐化工、海水化工、海藻化工及海洋石油化工的化工产品和生产活动。海洋化工是20世纪60年代以来开始发展起来的新兴海洋产业。

(一)盐资源状况

制盐属于资源开采型产业,拥有资源是可持续发展的根本条件。盐资源极为丰富,其储量在非金属矿里仅次于石灰石。中国的盐蕴藏量很丰富。沿海各省及台湾省、海南省盛产海盐,历来是中国主要产盐区。海盐生产按照不同的地理位置和自然气候条件分为北方海盐区和南方海盐区。北方海盐区包括辽宁、长芦(天津市、河北省)、山东、江苏四个主要产区,其产量占海盐总产量的75%以上。近年来出现了两个趋势一是南方海盐萎缩,少量海盐以保证当地民食为主;二是随着城市化、工业化进程加快,海盐生产面积大幅度减少,海盐产量逐年下滑。

（二）盐和盐化工产品的生产与消费

1. 盐的生产与消费

世界上有 120 多个国家和地区生产盐，主要集中在亚太地区、美洲、欧洲，这三个区域原盐产能合计占世界总产能的 95％左右，中国和美国产量比例超过 40％。2005 年以后，中国原盐、纯碱和烧碱的产能均居世界第一。国外盐的消费以工业用盐为主，平均消费结构为氯碱工业占 41％，纯碱工业占 16％，食用及轻工行业占 23％，道路除雪占 8％，其他领域占 12％。

2. 盐化工产品生产与消费

盐化工是最基础的化学工业门类，世界盐化工产业的源头产品相近，主要为氯碱和纯碱，其发展都已进入成熟期，市场供应充足，技术相对稳定，竞争比较激烈。

目前，世界共有 500 多家氯碱生产企业公司在 650 家工厂内生产烧碱，其中近半数在亚洲，但亚洲氯碱企业普遍规模较小。发达国家氯碱生产集中度较高，主要集中于几家大型跨国公司。亚洲地区对氯产品和烧碱的需求非常旺盛，因此近些年大部分新建生产装置分布在亚洲，而中东地区则由于生产成本较低也有一些新的氯碱项目。在新增氯碱产能中，中国占最大份额。

中国纯碱工业呈较快速增长，2007 年装置产能、产量和消费量都已超过美国跃居世界第一，而其他国家或地区纯碱产量基本稳定甚至有所下降。作为世界上最大的纯碱生产国与消费国，中国纯碱产量约占世界产量的 40％，出口量占总产量的 8.5％。

四、海洋生物医药业

海洋生物医药业是指从海洋生物中提取有效成分利用生物技术生产生物化学药品、保健品和基因工程药物的生产活动，包括：基因、细胞、酶、发酵工程药物、基因工程疫苗、新疫苗、菌苗，药用氨基酸、抗生素、维生素、微生态制剂药物，血液制品及代用品，诊断试剂包括血型试剂、X 光检查造影剂、用于病人的诊断试剂，用动物肝脏制成的生化药品等。

（一）中国海洋生物制药业现状

中国海洋生物制药业以基地化、园区化为特征的产业集聚发展态势初步形成。目前已有8个国家海洋高技术产业基地、6个科技兴海产业示范基地，初步形成以广州、深圳为核心的海洋医药与生物制品产业集群，以湛江为核心的粤东海洋生物育种与海水健康养殖产业集群，福建闽南海洋生物医药与制品集聚区和闽东海洋生物高效健康养殖业集聚区等。

近年来中国海洋生物技术研究已经从沿海、浅海延伸到深海和极地，特别是海洋生物活性先导化合物的发现、海洋生物中代谢产物的结构多样性研究、海洋生物基因功能及其技术、海洋药物研发等在国际上引起了高度关注，很多研究成果申请了具有自主知识产权的国内、国际专利。海洋药物已由技术积累进入产品开发阶段，将在抗艾滋病、抗肿瘤、卫生保健方面发挥重要作用。

中国海洋生物技术和产业呈现良好的发展态势，然而距建设海洋强国的目标还存在较大差距。差距主要体现在：海洋生物科技创新与国外和陆地对比还有差距；资源调查、评估和保护不够，海洋生物资源的独特优势尚未充分发挥；平台建设等产业创新支撑体系还较薄弱；海洋生物龙头企业相对较少，与小微企业互补不足，产业生态还未建立完善。

海洋生物医药业要想获得更快的发展，需要企业和政府的协作，政府方面需要在资金扶持、人才培养以及行业发展引导等方面做出努力，而作为直接参与者的企业，则需要在创新能力培养上加大投入，企业可以通过设立科技储备基金，投资一些基础性研究项目作为知识储备，或者通过资金缺陷法收买研究人员科研成果对其进行后期研究，缩短周期并加快产品的产业化发展，避免新产品前期研究的投资风险。

（二）中国海洋生物制药业发展趋势

尽管海洋生物医药产业迎来了蓬勃发展的良好势头，但受海洋开发技术和海洋生物医药技术的限制，许多海洋天然产物的潜在药物价值还不为人所知；同时由于海洋药物生产流程复杂，研发、测试、临床等研究阶段时间周期较长，产业的发展规模仍然较小，并面临一系列的问题，如产学研结合不紧密、知识产权保护滞后等，都需要逐步去解决。中国海洋生物医药产业仍存在着进一步发展的空间。

五、海洋电力业

按照《海洋及相关产业》国家标准规定,海洋电力业是指在沿海地区利用海洋能、海洋风能进行的电力生产活动。包括利用海洋中的潮汐能、波浪能、热能、海流能、温差能、盐差能、风能等天然能源进行的电力生产,有时也包括沿海利用海水冷却的核能、火力发电。在官方统计上不包括沿海地区的核能、火力企业的电力生产活动。海洋能和风能属清洁能源,是国家重点发展项目,但由于开发困难、技术要求高,目前还处于研发、试验阶段。海洋电力业是新兴产业,经过不断努力,中国海洋电力产业正在稳步增长。

(一)中国海洋能状况

潮汐能是海水潮涨和潮落形成的水的势能,资源分布不均匀,以福建和浙江最多,其次是长江口北支和辽宁、广东,其他省区则较少,江苏沿海(长江口除外)最少。

波浪能是海洋表面波浪具有的动能和势能,是海洋能源中最不稳定的一种能源。波浪发电是波浪能利用的主要方式,其资源分布不均匀,以浙江中部、台湾、福建海坛岛以北、渤海海峡波浪能密度最高,资源蕴藏量最丰富。其次是西沙、浙江北部和南部、福建南部和山东半岛南岸等。

热能指的是海水中蕴有的热能。包括海洋表面层吸收并储存的太阳辐射能、海洋热流(通过海底从地球逸出的热量)、海洋其他物质生成或其他形式能量转换成的热能等。

海流能是海水流动的动能,主要是指海底水道和海峡中较为稳定的以及由于潮汐导致的有规律的海水流动。中国沿岸潮流资源分布以浙江为最多,约占全国的 50% 以上,其次是台湾、福建、辽宁等省份,约占 42%。根据沿海能源密度,理论蕴藏量和开发利用的环境等因素,舟山海域开发前景最好,其次是渤海海峡和福建的三都澳等。

温差能是海洋表层海水和深层海水之间水温之差的热能。在许多热带或亚热带海域终年可形成20℃以上的垂直海水温差,可以利用实现热力循环发电,中国南海温差能资源丰富。

盐差能是海水和淡水之间或两种含盐浓度不同的海水之间的化学电位差能,主要存在于河海交接处。盐差能是海洋能中能量密度最大的一种可再生能源。中国盐差能资源特点一是地理分布不均,长江口及其以南的大江河口沿岸资源量占全国总量的 92.5%,其中东海沿海占 69%;二是沿海大城市附近资源丰富,特别是上海和广东附近的资源量分别占全国的 59.2% 和 20%;三是资源量有明显的季节变化和年际变化,一般汛期的资源量占全年的 60% 以上,长江占 70% 以上,珠江占 75% 以上;四是山东半岛以北的江河冬季均有 1～3 个月的冰封期,不利于全年开发利用。

(二)中国海洋能发展前景预测

从技术及经济上的可行性分析,潮汐能作为成熟的技术将得到更大规模的利用;波浪能将逐步发展成为行业,近期主要是固定式,但大规模利用要发展漂浮式;可作为战略能源的温差能将得到进一步的发展,并将与海洋开发综合实施,建立海上独立生存空间和工业基地;海流能也将在局部地区得到规模化应用。

潮汐能的大规模利用涉及大型基础建设工程,在融资和环境评估方面需要相当长的时间,大型潮汐电站的建设往往需要几代人的努力。因此,应重视对可行性分析的研究,还应重视对机组技术的研究。在投资政策方面,可以考虑中央、地方及企业联合投资,也可参照风力发电的经验,在引进技术的同时,由国外贷款。

波浪能在经历了十多年的示范应用后,正稳步向商业化应用发展,且在降低成本和提高利用率方面仍有很大技术潜力。依靠波浪技术、海工技术及透平机组技术的发展,波浪浪能利用的成本可望在 10 年内下降 25%～50%。中国在波浪能技术方面与国外先进水平差距不大,发展外向型的波能利用行业大有可为,并且已在小型航标灯用波浪发电装置方面有良好的开端。因此,当前应加强机组的商业化工作,经小批量推广后,设计制造出口型的装置。

温差能利用应放到重要位置,与能源利用、海洋高技术和国防科技综合考虑。应重点研究低温差热力循环过程,解决高效强化传热及低压热力机组以及相应的热动力循环和海洋环境中的载荷问题。建立千瓦级的实验室模拟循环装置并开展相应的数值分析研究,提供设计技术;在技术项目方面,应考虑与南海的海洋开发和国土防卫工程相结合,设计建设作为海上独立环境的能源、淡水以及人工环境和海上养殖场的综合设备。

海流能发展有良好的资源优势,应解决机组的水下安装、维护和海洋环境中的生存问题。海流能和风能一样,可以发展"机群",用一定的单机容量发展标准化设备达到工业化生产,降低成本。

六、海水利用业

海水利用业是指利用海水进行淡水生产和将海水应用于工业生产和城市用水。包括利用海水进行淡水生产和将海水应用于工业冷却用水和城市生活用水、消防用水。

(一)中国海水利用业政策

为缓解水资源危机,中国在厉行节水的同时,积极开发利用海水等非常规水源。海水淡化是稳定的水资源增量技术,可作为水资源的重要补充和战略储备。中国政府历来高度重视海水利用产业,采取一系列措施推动产业发展。早在20世纪60年代,国家就曾组织多部门进行科技攻关会战海水淡化。近年来,随着社会经济的发展以及生态环境的恶化,水资源形势日益严峻,海水利用越来越受到社会各界的关注,并逐渐提升到国家战略的高度加快发展,相关指导意见和规划密集出台。这些政策规划的发布引起了社会各界对海水利用业的关注,相关优惠政策吸引了一大批企业进军海水利用及装备制造行业,对海水淡化产业的发展起到了极大的推动和促进作用。

(二)海水利用业发展概况

1. 产业发展总体情况

在党和国家的高度重视及有关部门的大力支持下,近年来海水利用产业发展迅速。受工程规模、能源价格、维修成本、人工费用等因素的影响及吨水成本计算方法的不同,目前中国海水淡化工程成本多集中在5~8元/吨。海水直流冷却、海水循环冷却、大生活用海水技术得到不断应用。中国已掌握大生活海水关键技术,建成青岛海之韵46万平方米大生活用水示范工程,相关技术填补国内空白,达到国际先进水平。

淡化水广泛应用于沿海电力、石化、钢铁等高耗水行业及海岛生产生活用水。全国海水淡化工程产水的终端用户主要分为两类,一类是工业用水,如首钢京唐港、天津大港新泉、辽宁红沿河等海水淡化工程;另一类是民用供水,如浙江嵊泗、西沙永兴岛、赵述岛等岛屿海水淡化工程。在已建成海水淡化工程中,海水淡化水用于工业用水的产水量占总工程规模的70.7%。其中,火电企业为30.43%,核电企业为2.44%,热电企业为3.33%,化工企业为12.21%,石化企业为14.00%,钢铁企业为8.33%。用于居民生活用水的工程规模占总工程规模的29.3%。

2. 区域发展情况

截至2017年底,全国海水淡化工程在沿海的辽宁省、天津市、河北省、山东省、江苏省、上海市、浙江省、福建省、广东省、广西壮族自治区、海南省11个省区市均有分布,主要是在水资源严重短缺的沿海城市和海岛。北方以大规模的工业用海水淡化工程为主,主要集中在天津、河北、山东等地的电力、钢铁等高耗水行业;南方以民用海岛海水淡化工程居多,主要分布在浙江、福建、海南等地。

七、海洋船舶工业

海洋船舶工业,亦称海洋"造船工业"或"造船业",是承担各种军民用海洋舰船及其他浮动工具的设计、建造、维修和试验及其配套设备生产的重工业。

目前中国海洋船舶工业产业集中度不断提高、科技创新能力逐步提升、过剩产能有效化解、行业发展短板有所弥补、降本增效扎实推进、国际产能合作稳步开展的良好开端,造船大国地位进一步巩固。但世界经济复苏缓慢,二手船(含海工装备)市场规模较大,船舶营运能力和造船产能过剩的局面在短期内难以得到根本改善。

八、海洋工程建筑业

海洋工程建筑业是指在海上、海底和海岸所进行的用于海洋生产、交通、娱乐、防护等用途的建筑工程施工及其准备活动,包括海港建筑、海洋建岛、滨海电站建筑、海岸堤坝建筑、海洋隧道、桥梁建筑、海上油气田陆地终端及处理设施建造、海底线路管道和设备安装等,不包括各部门、各地区的房屋建筑及房屋装修工程。

随着"一带一路"的提出到深化,中国与沿经济带经济体在重点合作领域的先行项目建设已纷纷提上日程,相关港口及以港口为节点的海运业将迎来新的建设和发展良机。建设21世纪海上丝绸之路是全球政治、贸易格局不断变化形势下,中国连接世界的新型贸易之路,通道价值和战略安全是其核心价值。

第四节　海洋第三产业

海洋第三产业是为海洋开发的生产、流通和生活提供社会化服务的部门,主要有海洋交通运输业、滨海旅游业等。

一、海洋交通运输业

海洋交通运输业是使用船舶和其他海上工具,通过海上航道运送货物和旅客的海洋产业,包括沿海运输、远洋运输、港口装卸存储、船舶物质供应、航道疏浚、海上救捞和灯塔航标管理等,具有广泛性、连续性和国际性的特点。

(一)中国海洋交通运输业现状

随着中国经济的快速发展,中国已经成为世界上最重要的海运大国之一。全球目前有19%的大宗海运货物运往中国,有20%的集装箱运输来自中国;而新增的大宗货物海洋运输之中,有60%~70%是运往中国的。中国的港口货物吞吐量和集装箱吞吐量均已居世界第一位;世界集装箱吞吐量前5大港口中,中国占了3个。随着中国经济影响力的不断扩大,世界航运中心正在逐步从西方转移到东方,中国海运业已经进入世界海运竞争舞台的前列。

世界经济发展环境发生了很大的变化,世界经济中心已经开始向亚太地区转移,世界经济的发展也将会在西太平洋海岸掀起一股新的热潮,而且进一步加强区域经济和跨国集团的开发都为中国的港口建设和海运业的发展提供了有利条件。面临大好的机遇,中国港航业自身能力不足问题十分突出,缺少大型油船和大型油船码头泊位,使中国石油进口运输中国轮船运率只占10%,不得不大量租用外轮运输。不仅需要支付大量外汇,也失去了中国海运业发展和增加就业的良好机遇。

随着国民经济和对外贸易高速增长,中国海上交通运输业得到了持续快速发展。海运量不断增长,中国海运在国际上的影响力不断增强,已成为繁荣全球海运的重要因素。随着中国海运业的迅猛发展,其市场环境也在不断发生深刻变化,尤其是中国政府采取积极的对外开放和与国际海运惯例接轨的海运政策法规,为海运业提供了"竞争、开放、透明"的市场环境。中国海运从业者,包括来华投资经营的外商必须时刻了解、研究自身所处的市场环境,才能审时度势,掌握航向,在不断遇到新情况,不断解决新问题的过程中,得以发展、壮大。

在中国港口与世界各国主要港口之间已开辟了许多定期或不定期的海上航线,所以海洋运输在中国对外经济贸易中起着越来越重要的作用。特别是集装箱运输在中国发展势头迅猛,这是因为其具有装卸效率高、船舶周转快、货损货差少、包装费用节省、劳动强度低和手续简便等优点。中国自1973年9月开始在天津、上海和日本神户、横滨之间开展集装箱运输后,青岛、黄浦、大连、张家港等港口也相继开展集装箱运输。1978年9月中国在上海和澳大利亚港口之间建立了第一条自己经营的集装箱班轮航线。到目前为止,中国各大港口已形成了到达世界主要港口的国际集装箱运输网。

(二)海洋交通运输业特点

海洋交通运输是国际商品交换中最重要的运输方式之一,其货物运输量占全部国际货物运输量的比例在80%以上。海洋交通运输借助天然航道进行,不受道路、轨道的限制,通过能力更强。随着政治、经贸环境以及自然条件的变化,可随时调整和改变航线完成运输任务。随着国际航运业的发展,现代化的造船技术日益精湛,船舶日趋大型化,超巨型油轮已达60多万吨。海上交通运输航道为天然形成,港口设施一般为政府所建,经营海运业务的公司可以大量节省用于基础设施的投资。船舶运载量大、使用时间长、运输里程远,单位运输成本较低,为低值大宗货物的运输提供了有利条件。海洋交通运输一般都是国际贸易,生产过程涉及不同国家地区的个人和组织,海洋运输还受到国际法和国际管理的约束,也受到各国政治、法律的约束和影响。海洋交通运输是各种运输工具里速度最慢的运输方式。由于海洋交通运输是在海上,受自然条件的影响比较大,比如台风可以把运输船卷入海底,风险比较大,另外还有诸如海盗的侵袭,风险也不小。因此海洋运输易受自然条件和气候的影响,航期不易准确,遇险的可能性也大。

(三)海洋交通运输业经营方式

海上运输的经营方式主要有班轮运输和租船运输两大类。班轮运输又称定期船运输,租船运输又称不定期船运输。

1. 班轮运输

班轮运输指船舶在特定的航线上和既定的港口之间,按照事先规定的船期表进行有规律的、反复的航行,以从事货物运输业务并按照事先公布的费率表收取运费的一种运输方式。其服务对象是非特定的、分散的众多货主,班轮公司具有公共承运人的性质。

2. 租船运输

租船是指租船人向船东租赁船舶用于货物运输的一种方式,通常适用于大宗货物运输。有关航线和港口、运输货物的种类以及航行的时间等,都按照承租人的要求,由船舶所有人确认。租船人与出租人之间的权利义务由双方签订的租船合同确定。

(四)海洋交通运输业作用

1. 海洋货物运输是国际贸易运输的主要方式

国际海洋货物运输虽然存在速度较低、风险较大的不足,但是由于通过能力大、运量大、运费低,以及对货物适应性强等长处,加上全球特有的地理条件,使其成为国际贸易中主要的运输方式。中国进出口货物运输总量的80%～90%是通过海洋运输进行的,由于集装箱运输的兴起和发展,不仅使货物运输向集合化、合理化方向发展,而且节省了货物包装用料和运杂费,减少了货损货差,保证了运输质量,缩短了运输时间,从而降低了运输成本。

2. 海洋货物运输是国家节省外汇支付,增加外汇收入的重要渠道之一

在中国运费支出一般占外贸进出口总额10%左右,尤其大宗货物的运费占的比重更大,贸易中若充分利用国际贸易术语,争取中方多派船,不但节省

了外汇的支付,而且还可以争取更多的外汇收入。特别是把中国的运力投入到国际航运市场,积极开展第三国的运输,可以为国家创造外汇收入。世界各国,特别是沿海的发展中国家都十分重视建立自己的远洋船队,注重发展海洋货物运输。一些航运发达国家,外汇运费的收入成为其国民经济的重要支柱。

3.发展海洋运输业有利于改善国家的产业结构和国际贸易出口商品的结构

海洋运输是依靠航海活动的实践来实现的,航海活动的基础是造船业、航海技术和掌握技术的海员。造船工业是一项综合性的产业,其发展又可带动钢铁工业、船舶设备工业、电子仪器仪表工业的发展,促进整个国家的产业结构的改善。中国由原来的船舶进口国,近几年逐渐变成了船舶出口国,而且正在迈向船舶出口大国的行列。由于中国航海技术的不断发展,船员外派劳务已引起了世界各国的重视。海洋运输业的发展,中国的远洋运输船队已进入世界10强之列,为今后大规模的拆船业提供了条件,不仅为中国的钢铁厂冶炼提供了廉价的原料,节约能源和进口矿石的消耗,而且可以出口外销废钢。由此可见,由于海洋运输业的发展,不仅能改善国家产业结构,而且会改善国际贸易的商品结构。

4.海洋运输船队是国防的重要后备力量

海上远洋运输船队历来在战时都被用作后勤运输工具。美、英等国把商船队称为"除陆、海、空之外的第四军种",苏联的商船队也被西方国家称之为"影子舰队"。可见,商船队对战争的胜负所起的作用。正因为海洋运输占有如此重要的地位,世界各国都很重视海上航运事业,通过立法加以保护,从资金上加以扶植和补助,在货载方面给予优惠。

二、滨海旅游业

滨海旅游,是指旅游者以享受滨海旅游资源为目的而进行的旅游活动。滨海旅游资源是指在滨海地带对旅游者具有吸引力,能激发旅游者的旅游动机,具备一定旅游功能和旅游开发利用价值,并能产生经济效益、社会效益和环境效益的事物和因素,是开展滨海旅游的基础。

（一）国外滨海旅游业

国外滨海旅游发展历史悠久，根据史料记载，世界上最早的海水浴出现于 1730 年英国的斯盖堡拉和布莱顿，二战后，在发展传统滨海旅游的同时，滨海度假旅游逐渐成为主要的滨海旅游形式，如西班牙的马洛卡岛、美国夏威夷、墨西哥的坎昆、泰国的普吉岛等，都是世界著名的滨海度假旅游胜地。地中海地区、加勒比海地区、大洋洲海域和东南亚海域一直是出游的热点。

（二）中国的滨海旅游业

中国旅游业整体起步较晚，受旅游区域经济发展水平、开发政策、资金和消费需求等多方面因素的制约，中国的滨海旅游开发尚处于较低水平。进入 21 世纪，滨海旅游、海岸带旅游、海洋旅游等开发活动进行得如火如荼。邮轮、游艇，阳光、沙滩，蓝天、海浪，海鲜、美食正日益受到中外游客的青睐。随着中国旅游业从观光旅游向休闲度假旅游的转变，滨海旅游已经开发出以休闲渔业、海洋文化和海洋休闲度假等为主题的多种旅游产品。回望国内，大连、秦皇岛、威海、青岛、厦门、珠海等城市滨海旅游更是游人如织。

目前，在中国海洋经济总产值中，滨海旅游业占 25.6%，位居第一，已超过捕捞渔业、船舶油气等产业，成为海洋服务业的主体。中国 26 个主要旅游城市中，12 个是滨海城市（大连、天津、青岛、上海、杭州、宁波、福州、厦门、深圳、珠海、广州、海口），其旅游收入占全国旅游总收入的四成以上。

走向大海、亲近大海的"滨海旅游热"不断升温。从辽东半岛到海南岛，滨海城市目的地部分热门旅游产品呈现资源紧张现象，酒店价格涨幅近20%。滨海旅游快速升温，使沿海各地政府从北到南，都在不同程度地开发海洋旅游资源。然而，中国对滨海旅游产品的开发仍处于初级阶段，存在着产品结构单一、产品同质化严重、可替代性较强等问题，无法形成对游客的长久吸引力。对照印尼的巴厘岛、泰国的普吉岛、韩国的济州岛等国际知名滨海旅游城市，国内滨海旅游还有很大的发展空间。

开发滨海旅游确实对发展地方经济、改善经济结构、促进渔农民增收等方面有所贡献，也让许多老百姓走上了致富之路。但许多滨海地区大都以观光游、海滨浴场、渔家乐、海鲜美食等内容和形式为重要开发项目，开发层级较低，游客逗留时间短，旅游经济效益较低。为更好促进滨海旅游的发展，沿海城市要培育一些旅游新产品、新业态,让更多游客感受到大海的魅力。打造滨海旅游亮点,首先要明确旅游者对旅游的需求,发展具有本地特色的文化、物产、生活、餐饮等旅游产品,满足旅游者对旅游地"原生态生活"的向往。

滨海旅游是一种发展潜力大、市场前景好、深受中外游客喜爱的旅游产品,通过对滨海旅游资源的进一步开发,打造滨海旅游拳头产品,为中外游客创造更加愉悦的旅游体验。目前,中国滨海旅游产品除了邮轮旅游外,游艇、帆船、海钓等一系列海上旅游项目也正在沿海省市快速发展,并在当地政府的引导与支持下逐渐成熟,形成规模。邮轮、游艇、帆船、海钓,这些过去看来遥不可及的"贵族"旅游项目,如今逐渐进入普通游客的视线。

三、海洋高新技术产业

海洋高新技术产业是指广泛应用海洋探测技术、海洋开发技术、海洋装备制造技术、海洋新材料技术、海洋服务技术等先进海洋技术而形成的生产和服务行业。海洋高新技术产业的迅速发展,极大地推动了传统海洋产业的技术改造和新兴海洋产业的形成和发展,使世界海洋开发进入了快车道,海洋经济成为全球经济的重要部分。现代海洋经济的发展是以海洋科学知识的创新和海洋高新技术的发展为依托的,因为海洋环境的复杂性、多变性和高风险性,决定了海洋的开发和海洋经济的发展必须紧紧地依靠高新技术的发展。现代海洋产业已呈现出海洋科学、海洋技术、海洋开发和海洋经济越来越综合性及一体化的趋势,海洋经济发展的深度和广度将取决于海洋高新技术的进步和海洋科学知识以及其他科学知识的增长和创新。

(一)国外海洋高新技术产业发展状况

1. 美国

(1)美国海洋高技术产业具有极大的发展潜力。

美国海洋经济主要包括航运、海上工程、能源开发、商业捕鱼、休闲渔业与船舶、水产养殖、旅游等传统涉海行业。但总体来说,海洋仍是一片尚未开垦的"处女地",在新药、工业品、可再生能源开发等方面有着巨大的潜力。

(2)联邦政府重视海洋科学研究对海洋经济的促进作用。

　　美国国家海洋委员会明确要求政府各部门要协力保持稳定的海洋观测，提供更准确的海图和导航工具，提供更及时、准确、有效的海洋数据信息，支撑美国海洋经济和新兴海洋产业的发展。

　　海洋生物医药产业。海洋生物资源为新的医学进步提供了条件。海洋具有高盐、高压、缺氧、低温等异于陆地的独特生态环境，很多海洋生物形成了与陆地生物不同的代谢途径，并产生了结构独特且药理、毒理作用显著的活性成分，其中大多数都前所未见。海洋生物医药产业潜力巨大，当前产业正处早期快速发展阶段。

　　高端海洋装备制造产业。美国主要从技术研发、成果转化和产品采购方面对高端海洋装备制造产业给予支持，包括投资建立全国甚至全球性的海洋观测网络，资助潮汐能、离岸风电等可再生能源技术研发并为有关项目提供税收抵免等。例如，综合海洋观测系统专门设立了海洋技术转化项目资助新型海洋观测技术的商业化应用；海军研究局技术办公室专门设立了技术成果转化计划，支持相关技术的民用商业化。此外，部分技术联盟和行业协会，如美国近海技术联盟、美国海洋制造协会、海洋技术学会和海洋联盟等，也通过加强行业内技术交流与合作、影响政策制定等方式促进本产业发展。

　　海水淡化产业。反渗透膜是美国海水淡化使用最普遍的技术，但因该技术淡化海水过程需消耗大量电力，面临成本下降空间有限这一瓶颈。为推动海水淡化技术发展，美国内政部农垦局、能源部 Sandia 国家实验室、国家研究理事会先后发布了技术发展规划。美国内政部农垦局、地质调查局、国家科学基金会、陆军研究局、海军研究局、能源部等均投入经费鼓励加强对电容去离子化、电渗析、正渗透膜、冷冻法、离子交换等新淡化技术的研发与项目示范，以期实现成本的显著降低。

　　2. 日本

　　日本不断发展高科技，充分利用其近海资源的优势，大力开发海洋中丰富的资源、能源，开展深海底和冰海域资源的调查、开发计划，通过高技术资源采矿系统开发各种海底的资源矿藏，确保日本资源、能源的稳定供应；其海水淡化技术设备畅销世界，同时利用"人工海流"从海水中提取浓缩铀；扩大和开辟人类新的活动场所，建立高功能海洋城；发展深海生物工程技术和深海探查技术等，都是通过发展海洋高科技实现的。

以推进海洋高科技发展为目的,确保日本在海洋科技方面的领先地位,增强日本海洋产业的竞争力,创造高附加值的经济利润,提高经济效益。近年来日本海洋经济正从以往依靠扩大海洋资源开发,转为依靠科技进步,以技术创新改造传统海洋产业,实现可持续发展。日本海洋科技开发涉及诸多方面,主要包括海洋环境探测技术、海洋再生能源试验研究、海洋生物资源开发工程技术、海水资源利用技术、海洋矿产资源勘探开发技术等。

(二)国内海洋高新技术产业发展状况

2014年,国家发展改革委、国家海洋局联合下发《关于在广州等8个城市开展国家海洋高技术产业基地试点的通知》,决定在广州、湛江、厦门、舟山、青岛、烟台、威海、天津8个城市开展国家海洋高技术产业基地试点工作。根据资源禀赋和地区基础,8个基地发展的高技术产业各有不同,但重点领域大多集中于海洋高端装备制造业、海洋医药与生物制品业、海洋生物育种与健康养殖业、海水利用业、海洋高技术服务业。几年来,8个海洋高技术产业基地试点建设稳步推进,海洋自主创新能力显著提高,一批关键技术、核心技术取得突破,通过高技术优势产业的引领带动,有效促进了沿海省市海洋经济健康快速发展。

我国经济正处在转变发展方式、优化经济结构、转换增长动力的攻关期。作为国民经济的重要组成部分,海洋领域正在深化供给侧结构性改革,着力构建现代化海洋经济体系。海洋高技术产业的培育和发展,对于加快转换海洋领域新旧动能,推动海洋经济高质量发展具有重要意义。

四、海洋产业经济布局

拓展蓝色经济空间、推进海洋生态文明建设等,成为"十三五"时期海洋事业发展的亮点。要拓展发展新空间,用发展新空间培育发展新动力,用发展新动力开拓发展新空间。以区域发展总体战略为基础,以"一带一路"建设、京津冀协同发展、长江经济带建设为引领,形成沿海沿江沿线经济带为主的纵向横向经济轴带。积极拓展蓝色经济空间,坚持陆海统筹,壮大海洋经济,科学开发海洋资源,保护海洋生态环境,维护中国海洋权益,建设海洋强国。

随着中国经济发展进入"新常态",中国海洋经济也随之进入了新的发展转型期。海洋经济布局的合理性深刻影响着海洋经济发展的质量和效率，关乎海洋经济提质增效以及国家海洋整体战略的推进。

从本质上看，海洋经济布局包含布局主体、布局客体、布局介体及布局环体四方面基本要素。其中，布局主体一般指的是布局者、规划者、政策制定者，在整个海洋经济布局活动中发挥着组织、协调领导作用；布局客体指的是布局对象，可包括海洋经济、海洋产业、海洋开发建设活动、用海方式、人的活动等不同层面；布局介体是布局的实现方法，主要包括制定战略、规划、区划、政策、控制指标等；布局环体是指布局的客观环境、背景。各基本要素之间存在着综合、复杂的作用关系，主要表现为布局主体在布局环体中通过布局介体对布局客体发挥作用，该关系正是海洋经济布局的主要内容，即如何实现海洋经济布局的优化。现从生态文明、资源禀赋、陆海统筹、平面布局、时序优化、规模控制、空间挖掘、规划衔接、政策一致、战略抉择十个方面，对海洋经济布局基本组成要素及其相互关系给予初步探索分析。

（一）生态文明

目前，海洋经济发展面临海洋资源消耗过快与海洋环境污染加重的双重压力，陆源污染物的持续排放和海水自身的流动性，加大了海洋污染治理的难度。在追求经济效益时，应优先考虑海洋的环境承载能力，维护海洋生态系统的功能，注重其生态效益，科学合理地规划海洋经济活动，实现海洋经济发展与海洋生态保护双向共进、协同发展。

（二）资源禀赋

海洋拥有丰富的生物资源、矿产资源、空间资源、海洋能等多种资源，多数海洋产业都对海洋资源有一定的需求和依赖，但海洋资源不是取之不尽、用之不竭的。因此，要注重充分发挥海洋资源禀赋优势，使海洋资源得到最有效的开发利用。

（三）陆海统筹

中国海洋经济主要布局在陆海交界的海岸带区域，该区域是海洋与大陆之间的生态环境过渡区，是陆海物质交换的主要通道，受陆海共同作用及陆海生态系统生态过程共同影响。同时，海洋经济活动与陆地经济活动存在密不可分的经济技术联系。因此,海洋经济布局不能只局限于海洋内部,而应统筹陆海发展,形成陆海产业一体化的新格局。

(四)平面布局

在宏观尺度,平面布局优化是指基于对经济、社会、生态环境等多方面的综合考量,通过用海功能调整、布局整理和海域储备等方式,合理确定或改进海域开发利用活动的平面分布情况;在微观尺度,平面布局优化是指单个用海主体优化其确权海域使用的平面布局安排与设计。应针对宏观尺度和微观尺度的布局问题,综合考虑海洋经济活动及其产生的经济、社会和生态环境影响,从平面视角进行整体优化布局。

(五)时序优化

时间次序优化考虑的是不同海洋经济活动开展的先后次序以及海洋经济活动进行的时长与频度。各项海洋开发活动都会对所占用海域以及邻近海域产生不同程度的影响,并进一步影响占用海域的未来潜在开发活动以及邻近海域进行的其他海洋开发活动。应合理协调各项海洋开发活动的时间次序,科学调整各类海洋开发活动的时长与频度,从而实现海洋经济发展的整体效益最大化。

(六)规模控制

首先,海洋自身存在其环境容量与承载极限,当海洋经济活动的数量规模超过一定限度时将会影响甚至破坏海洋原有的生态系统和资源禀赋。其次,经济活动具有集聚和辐射效应,其布局阶段的数量规模通常决定着未来的经济效益、社会效益和生态效益。此外,沿海地区往往会受海岸侵蚀、地面沉降、海平面上升、海水入侵以及台风、风暴潮影响,在不适宜的区域进行大规模、高强度的经济建设可能会导致巨大的经济损失与人身风险。因此,要综合考虑以上因素,合理调控海洋经济活动的开发数量与规模,提升海洋经济发展质量和效率。

(七)空间挖掘

基于海洋的空间立体性,很多海洋经济活动可以同时进行、相互兼容并且互不影响,甚至能相互促进。因此,应在平面布局的基础上,开发三维多层的空间挖掘技术,开展海上、海面、水体、海床和底土的立体海洋经济布局,根据不同海洋经济活动的特征形成立体化利用新格局,更加充分地利用海洋空间,发挥其独特的空间价值。

（八）规划衔接

海洋的可持续开发与利用需要科学合理的规划,各类海洋规划为海洋活动的有序开展提供了重要指导。然而,由于规划往往出自不同部门,组织结构不够合理,在规划的执行过程中存在难度大、效率低等问题。因此应加强涉海规划的衔接,不仅要和国家“十三五”规划和全国主体功能区规划等国家重大规划衔接,还要增加各部门间的联系沟通,打破行政边界的限制,实现规划的各司其职、相互衔接,从而相互促进,协同发展。

（九）政策一致

应在海洋经济布局政策上保持衔接性和连贯性,以保证布局的长期一致性,结合新的实际,用新的思路、新的举措,脚踏实地把既定的科学目标、好的工作蓝图变为现实,使海洋经济呈现稳定发展的局面。同时,在纵向管理上,也应保持自上而下的海洋政策一致、发展目标统一,万众一心,形成合力。

（十）战略抉择

海洋经济活动种类繁多,区域发展水平各异,经济布局并非要面面俱到地对每种经济活动都进行安排,而应根据现实基础和发展需要进行战略性选择,有针对性地布局。海洋经济发展通常以海洋产业发展为支撑,应选择优势支柱产业、战略先导产业进行重点布局,适当弱化某些夕阳产业和弱势产业,集中力量培育能耗小、污染轻、潜力大的海洋战略性新兴产业,以实现综合效益的最大化。

当前,中国经济已进入“十三五”新发展周期。“十三五”期间是全面建成小康社会目标的收官期,是全面深化改革的机遇期,是转变经济发展方式取得实质性成果的发展期,更是中国改革红利全面释放的关键期。要提高海洋资源开发能力,着力推动海洋经济向质量效益型转变。随着“一带一路”倡议和“建设海洋强国”战略部署的实施,中国海洋经济已进入发展“新常态”:一是海洋经济向质量效益型转变,海洋开发领域向深远海空间拓展;二是海洋开发方式向循环利用型转变,近海资源由实物生产要素向服务生产要素演化;三是创新引领型成为科技兴海新特征,"深水、绿色、安全""互联网+"成为海洋产业发展新导向;四是海洋经济外向型发展,"一带一路"将引领国际海洋经济新秩序。

在海洋经济"新常态"背景下,需要沿海地区积极主动呼应和对接国家新一轮对外开放战略布局,在"十三五"时期进一步强化海洋经济发展总体规划与指导,充分发挥海洋资源和区位优势,提高海洋开发和管理水平,加快海洋经济提质增效,转变经济发展方式,增创开放型经济新优势。

五、海洋产业创新机制构建及运行

海洋产业成为中国新的经济增长点,在国民经济中发挥重要的作用。目前新兴海洋产业比例较低,需要进行海洋产业创新。

(一)海洋产业创新机制的构建

1.机制界定

海洋产业创新机制是一个涉及众多主体的复杂机制。创新主体由涉海企业、科研机构、高校、政府、服务机构及转化平台等构成,各主体之间相互作用,相互激发,各尽其职,形成良好的组合方式和运行机制,才能发挥海洋产业创新的功能,不断推进海洋产业优化升级,提高海洋产业竞争力。海洋产业创新机制还受众多影响因素的作用,海洋产业创新主体与环境以及机制的各个子机制之间相互联系和相互作用,使得海洋产业创新机制呈现为一个动态的运行过程。

海洋经济是资源型经济、高技术经济、开放型经济、综合型经济。海洋产业的发展需要海洋资源的支撑,更离不开科技进步。因此,海洋产业创新系统需要海洋创新人才、高新技术、海洋资源的大量输入,另外也少不了资金投入。而系统输出的是经过创新的新技术、新产品、新组织、新制度或者其组合。海洋产业创新系统的目的是推动海洋产业不断优化升级,提高海洋产业的竞争力。

2.海洋产业创新机制的构成

在海洋产业创新机制中,各主体要素在创新活动中相互联系,相互影响,共同促进海洋产业创新活动的进行。按照海洋产业创新主体的功能,海洋产业创新机制可划分为海洋技术研发和海洋成果转化两个主要的子机制,而研发和转化要围绕市场需求展开才更有效。因此,海洋产业创新机制由市场需求、海洋产业系统、海洋研发子机制和海洋转化子机制等部分构成。

由于创新活动从技术研发开始,经历成果转化到推出新产品,最终被消费者接受,是创造出新的市场需求或激发潜在需求的过程。因此,海洋产业创新即是创造新的需求,或者使潜在需求转换为现实需求。海洋产业创新必须围绕市场需求开展才能最终被市场所接受。

海洋产业机制是一个狭义的概念,由众多涉海企业所组成,是相关涉海企业的集合。海洋研发子机制以涉海企业为创新主体,同时联合高校和科研机构共同参与和开发,以市场需求为导向,不断开发出海洋新知识、海洋新技术等。研发成果有时不能直接满足市场需求,需要经历成果转化过程,而海洋科技成果转化离不开政府的支持和帮助,也离不开孵化器等转化平台的扶持和服务。因此,转化子机制由涉海企业、转化平台和政府等主体要素构成。

3.海洋产业创新机制的环境要素

海洋产业创新机制的环境要素可分为硬环境和软环境两大类,硬环境主要包括资源环境和基础设施等要素;软环境主要包括海洋文化意识、政策法律法规和市场环境等要素。

海洋产业是资源型产业,各种海洋资源是海洋产业创新的物质基础,而健康的海洋生态环境也是海洋产业发展的前提条件。海洋文化意识根植于海洋产业创新社会网络之中,成员都受社会文化的影响,其创新行为自然受社会文化的约束。市场环境是企业创新活动的基本背景,从最终绩效而言,市场是衡量创新的主要标志,创新资源要依靠市场来进行配置,创新活动和创新系统也主要依靠市场来进行运作;政策环境可以推动或制约产业的发展,创新系统的有效运行需要政策环境的支持。中国先后颁布《海洋环境保护法》《渔业法》《矿产资源法》等海洋管理法律,也有《海域使用权管理规定》《倾倒区管理暂行规定》《防治海洋工程建设项目污染损害海洋环境管理条例》等规章制度为海洋产业创新可持续发展保驾护航。应该说,有时出台更加严格的政策法规还可以促使产业创新。

（二）海洋产业创新动力机制

1. 人才、科技、资金和海洋资源是海洋产业创新机制的外在动力

当前,中国提出发展战略性海洋新兴产业,主要涵盖海洋生物医药业、海水淡化和海水综合利用业、海洋可再生能源产业、海洋装备业、深海产业等。发展具有高技术含量、高资金投入与高收益的现代高端海洋产业,已成为开发海洋资源、发展海洋产业的重要途径。高科技研发需要高层次科技人才的智力支持,高科技成果转化更需要大量资金作保障。因此,高科技及人才、资金的大量投入和丰富的海洋资源是海洋产业创新机制源源不断的动力源。

2. 市场需求是海洋产业创新机制的内在动力

一个产业必定为社会提供一种或一类产品或服务,正是由于这些产品和服务符合人们的消费习惯,满足人们的消费需求,这些产业才能成长壮大。需求是产业创新的根本动力,任何新产业的诞生或旧产业的改造都是需求的产物。需求是刺激创新、调整创新活动和生产活动的主要因素,在产业创新系统中起重要作用。海洋产业的创新发展离不开需求的内力驱动,海洋技术研发与科技成果转化都要面向市场需求展开,只有做到研究、试验、推广同时进行,才能真正满足市场需要。

（三）海洋产业创新运行机制

1. 海洋科技研发运行机制

创新人才和自主关键技术是战略性新兴产业的关键因素,而"产学研用"合作创新是培育这两大核心要素的"母机"和"加速器"。现实需求与历史经验表明,"产学研用"合作创新最有利于培育和发展战略性新兴产业。海洋产业作为战略性新兴产业,需要高层次人才和尖端科学技术的支撑,产学研合作开发是推动海洋科技攻关的主要形式和重要途径。形成以企业、高校、研究机构、服务机构以及政府机构等创新主体组成的产学研合作创新网络,对海洋产业创新具有至关重要的作用。在产学研网络结构中,企业、科研院所、高等院校等机构作为网络节点的培育非常重要,是整个网络的基础,也是构成整个网络的基本要素,其自身稳定性影响着整个网络的稳定,特别是网络中的中心节点,例如大型企业、名校、重要科研机构对产学研网络的稳定非常关键。要建立产学研紧密结合的海洋科技研发体系,切实增强海洋科技的创新能力,为优化海洋产业结构、提升海洋产业的综合实力提供强大的科技支撑。

2. 海洋科技成果转化运行机制

要立足目标需求来实现海洋科技成果转化,需要以大型企业与地方签署战略合作协议为抓手,密切加强合作,有效提升学校成果转化和社会服务能力。通过规范横向项目管理和突出品牌战略,结合专利技术转让等工作,进一步推进与国内大型企业的合作与交流。建立海洋科技成果中试基地、公共转化平台和成果转化基地,建设一批海洋产业国家级高新技术产业基地。同时,完善海洋科技信息、技术转让等服务网络建设,为海洋产业创新提供有力的平台支撑。

3. 环境要素对海洋产业创新影响机制

产业创新的环境建设是产业创新系统的重要依托,这种特定创新环境的形成,是一个优秀的产业创新系统所不可缺少的。

(1)资源环境与基础设施的支撑作用。

硬环境是指系统运行所必需的基础设施。海洋产业的基础设施建设包括公路、铁路、航空、海运等交通运输体系的建设,通讯、电力、网络和信息等现代化基础设施建设也直接影响着海洋产业的发展。另外,港口和园区等基础设施也是推进海洋产业发展的重要载体和平台,对海洋产业的创新产生重要影响。

海洋产业是资源型产业,海洋生物、海底矿产、海水、海洋能源和海洋空间等都是海洋产业发展的物质条件。海洋环境又是一个非常复杂的系统,其自身虽有自净化能力,但如果人类消费和生产活动过程中排出的污染物超过了海洋自净能力,就会造成海域污染,给海洋生态环境造成极大的破坏,影响海洋产业进一步开发与发展。

(2)软环境的推动与促进作用。

软环境是指系统运行所必需的文化氛围、政策法律环境和市场环境等。海洋文化具有强烈的竞争意识和开创精神。因此,形成富有开放性、外向性、冒险性、开拓性和进取精神的海洋文化将有助于海洋产业创新。

海洋产业的发展需要科技政策、产业政策、金融政策、财税政策及其他配套海洋政策措施的支持和保障。海洋产业创新涉及的利益主体众多,需要运用法律保障主体的权益。海洋生态环境的维护也必须以严格的法律作保证,需要一系列相关的法律法规对海洋产业进行综合管理。

市场环境包括金融、信息、技术、保险、劳务、房地产等市场,良好的市场秩序把海洋资源的合理配置同市场需求密切结合起来,以市场为导向,立足国内市场,拓展国际市场,积极参与国内、国外市场竞争,不断促进海洋产业创新。

六、战略性海洋新兴产业

海洋战略性新兴产业以海洋高新科技发展为基础,以海洋高新科技成果产业化为核心内容,具有重大发展潜力和广阔市场需求。

(一)海洋战略性新兴产业的优势

与传统产业相比,海洋战略性新兴产业最大的优势在于以高新技术支撑、资源消耗低、综合效益好、市场前景广阔和易于吸纳高素质劳动力等优势。首先,海洋战略性新兴产业在转变经济增长方式,实现跨越式发展方面优势突出,可在新一轮世界经济布局中抢得先机。其次,海洋战略性新兴产业具有资源消耗低、综合效益好、节能环保的优势。在新能源、新材料领域发展潜力巨大,以其资源节约、环境友好的优势,推动产业结构升级,促进海洋经济的长期可持续发展。第三,海洋战略性新兴产业具有广阔的市场前景,能够吸纳高素质劳动力。战略性新兴产业是在金融危机的大背景下,在外部需求急剧减少、国内低端产能过剩的情况下提出来的,因此海洋战略性新兴产业,凭借广阔的市场前景及强劲的产业带动力,可以将过剩的社会经济资源从传统产业转移到新兴产业上来,在应对全球变暖和发展低碳经济两大挑战中明显优于传统产业。

(二)中国战略性海洋新兴产业发展瓶颈

目前,中国战略性海洋新兴产业发展仍受到发展实力、客观条件等因素制约,亟须在新时期重点研究与突破。其发展瓶颈如下。

1.缺乏统筹规划

海洋战略性新兴产业尚处于发展初期,相应的宏观规划和管理体制机制尚未建立。目前尚无国家层面的海洋战略性新兴产业总体发展规划,海洋领域战略性新兴产业的发展定位和方向亟待明确。另外,海洋产业"家底不清",缺少监测评估,难以适时提出有针对性的政策建议。

2.基础研究薄弱

中国战略性新兴产业的发展起步较晚,针对海洋战略性新兴产业的特殊性、产业选择条件、评价标准、发展定位等的研究尚属空白,海洋战略性新兴产业的发展现状、发展中存在的问题等仍需进一步深入研究,亟须组织调研,为制定标准规范、管理规划提供科学依据,服务管理决策。

3.技术储备不足

中国海洋战略性新兴产业无论在人才储备、科技水平还是生产规模上,同发达国家相比还存在一定的差距,产品缺乏国际竞争力,具有自主知识产权的技术或装备较少,制约着中国海洋战略性新兴产业的快速发展。

4.资金投入不足

海洋战略性新兴产业多为技术含量高、研发周期长、风险较高的产业,难以吸引大量、连续的资金,这严重制约了海洋战略性新兴产业的发展。

5.成果转化能力不强

目前,中国高新技术成果转换率仍然较低。即便完成了从研发到规模化生产,企业自我发展能力仍然较弱。

(三)中国战略性海洋新兴产业发展对策

1.加快海洋战略性新兴产业发展优惠政策的研究制定

一是尽快发布鼓励海洋战略性新兴产业(产品)指导目录,对具有核心自主知识产权的大型海水利用工程、海洋能开发项目和深海资源开采工程等予以资金引导,对海水淡化、海洋可再生能源发电等产品实行价格补贴。二是在国家已有税收政策下,加强海洋战略性新兴产业生产销售的减免税、新产品推广政策措施的研究和制定。

2.强化海洋战略性新兴产业领域的关键核心技术的自主创新

一是根据学科领域发展需要,整合现有优势资源,组建几个海洋战略性新兴产业相关的国家重点实验室,如海水利用国家重点实验室、深海装备技术实验室、深海资源勘探开发基地等,积极发挥各实验室、研究基地和技术中心的技术创新能力和产业化应用水平。二是鼓励订购和使用海洋领域的国产重大技术装备,建立风险补偿机制。三是加强海洋产品装备的进口管理,鼓励企业采用国产设备和技术,支持本国产业发展。

3.加强对海洋战略性新兴产业的资金支持力度

一是要拓展财政支持渠道。积极协调沟通,从多个渠道寻求国家对海洋战略性新兴产业发展的经费支持,设立海洋生物医药研发、海水利用、海洋能开发、海洋工程装备技术研发和深海资源勘探开发等重大专项,为海洋战略性新兴产业发展提供资金保障。二是多渠道解决资金问题,广泛吸引资金,鼓励社会资金进入海洋战略性新兴产业领域。通过国家、地方、企业、社会多方筹集,采取企业自筹、银行贷款、社会融资、利用外资、地方配套、国家补助等多种方式,建立多元化、多渠道、多层次、稳定可靠的海洋战略性新兴产业投入保障体系。

4.完善战略性海洋产业发展的体制机制建设

一是掌握海洋经济规律,加大对海洋战略性新兴产业运行情况的监测、评估和研究力度。通过开展专项调查、试点调查和全国首次调查,建设业务化运行的评估系统,采用建立评估模型等手段,为科学制定海洋战略性新兴产业发展政策提供决策依据。二是加强促进海洋新兴产业发展国际合作。通过学术交流、科研合作、试点建设和服务外包等多种形式,有目的、有选择地引进消化吸收国外的先进技术、工艺和关键设备并实现集成创新。三是加快战略性海洋新兴产业化发展的人才队伍建设。通过产学研结合、国外智力引进、完善激励机制等手段,在海洋领域重点培养一批掌握核心技术、引领海洋产业未来发展的海洋领军人才及其相应科技研发团队。四是加强知识产权保护,加大对海洋战略性新兴产业的保护力度。

思考与练习

1.我国海洋产业发展的趋势是什么?

2.海洋战略性新兴产业有哪些?

3.美国和日本海洋产业发展的趋势是什么?

第五章

● ● ●

海岸带与海岛经济

海岸带是我国国土的重要组成部分，在我国国民经济建设中发挥着重要的作用。海岸带资源是指赋存于海岸带环境中可供人类开发利用的物质、能量和空间。我国的海岸带拥有十分丰富的自然资源，如海涂资源、港口资源、盐业资源、渔业资源、石油资源、天然气资源、旅游资源和砂矿资源等以及潮汐能、盐差能、波浪能等可再生的海洋能资源。

第一节　海岸带的概念及其范围

海岸线是指沿海岸滩与平均海平面的交线。海岸带是海岸线向陆、海两侧扩展一定宽度的带形区域，是海洋环境和陆地环境相互交接、相互影响、相互作用的过渡地带，其宽度的界限在不同国家和地区尚无统一标准，随海岸地貌形态和研究领域不同而异，结果差异比较大。中国《全国海岸带和海涂资源综合调查》规定：海岸带的宽度为海岸线向陆侧延伸 10 千米，向海到 15 米水深线。美国《海岸带管理法》中规定：向海延伸到美国领海的外部界限即至 3 海里，向内陆从海岸线延伸至管理滨陆所需达到的范围，即滨陆利用对沿岸水域直接影响所及的范围，为海岸带的范围。英国一些沿海城市多把海岸带向陆地一侧的范围定为 300 米。日本《海岸带法》规定，陆地以满潮时的水路线为界，水面以退潮的水路线为界均不得超过 50 米。部分国家和地区海岸带界线如表 5-1 所示，海岸带的范围如图 5-1 所示。

表 5-1　部分国家和地区海岸带界线

国家或地区	向内陆延伸	向海洋延伸
中国	10 千米	15 米等深线
美国	管理滨陆所需达到的范围	3 海里
日本	50 米（从满潮线算起）	50 米（从退潮线算起）
南澳大利亚	100 米（从平均高潮线算起）	3 海里（从海岸基线算起）
巴西	2 千米（从平均高潮线算起）	12 千米（从平均高潮线算起）
西班牙	500 米（从最高高潮风暴线算起）	12 海里（从邻海外缘线算起）
哥斯达黎加	200 千米（从平均高潮线算起）	平均低潮线
以色列	1～2 千米	500 米（从平均低潮线算起）
昆士兰	400 米（从平均高潮线算起）	3 海里（从海岸基线算起）
斯里兰卡	300 米（从平均高潮线算起）	2 千米（从平均低潮线算起）

资料来源：【美】约翰·R.克拉克著《海岸带管理手册》，北京：海洋出版社 2000 年版，第 65 页。

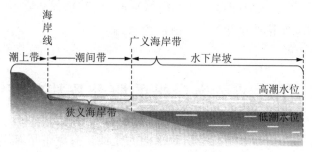

图 5-1　海岸带范围示意图

海岸带因其特殊的地理位置，基本特征归结如下。

（1）海岸带是资源最丰富的地带：海岸带处于地球上水圈、岩石圈、大气圈和生物圈的交汇区，这里自然环境条件优越、自然资源丰富，不仅具有纯海洋、纯陆地的资源，而且还具有海陆过渡地带的特种资源，因此资源物种丰富、储量巨大，为开发利用海洋资源，为社会经济的发展创造了优越的条件。

（2）海岸带是区位优势最明显的地带：海岸带处在海洋和陆地的结合部位，这里边缘效应、枢纽效应、扩散效应显著，它依靠廉价的海运和世界各国相通，发展海商贸易，促进海洋经济发展；利用特有的边缘效应和枢纽效应，在扩大对外开放的同时，也有利于搞活内地经济，有利于发挥两个扇面的辐射作用。海岸带还处在国防前沿,对保卫国防、低于外来侵略十分重要,因此这里往往是人口密集,经济发达的宝地。

(3)海岸带是生态脆弱、灾害较多的地带:海洋处于陆地的最低处,地上人为过程和自然过程产生的废弃物,最终都要进入海洋,海洋污染物的绝大多数又集中在近岸海域,这就使海岸带生态系统变得相当脆弱,极易失去平衡,海岸带是侵蚀作用最剧烈的地方,也是地质构造最活跃的地方,这里的地震频繁,火山活跃、风暴潮、寒潮、赤潮等灾害的发生频率高,对海岸带的资源环境和人民生命财产均产生较大的危害。

我国最大规模海岸带综合普查是 1979 年 8 月由国务院批准统一组织的海岸带综合调查和海涂资源综合考察,简称"全国海岸带综合调查"。调查的目的是:初步查清中国海岸带的自然环境要素和社会经济条件,各种资源的数量、质量和分布,并做出综合评价,为海岸带综合利用和海岸带管理提供基本资料和依据。调查的范围从海岸线向陆侧延伸 10 千米,向海延伸至 10~15 米等深线,总面积约 35 万平方千米。

目前世界上划定海岸带一般有自然标准、行政标准、任意距离、环境单元四个标准。

自然标准:该标准以自然的山脉、分水线、大陆架等为向海或者向陆的分界线。美国等国家就是按照这个标准来划定海岸带。美国《海岸带管理法》将海岸带定义为临海水域和邻近的岸边土地,彼此之间有强烈影响的沿岸水域及毗邻的滨海陆地,这一地带包括岛屿、过渡区和潮间带、盐沼、湿地和海滩。该区域从海岸线延伸到足够控制岸边的陆地,其土地的使用对沿海水域产生直接并且重要的影响,对这些地理区域的控制有可能会受到或非常容易受到海平面上升所带来的影响。运用自然标准来确定海岸带范围的优点是易于描述和理解,可以把与海岸带相关特征的区域包括其中,不考虑先存的行政区划,但是这也给政府的管理带来了不便。

行政标准:利用国家现有的行政区划(沿海的县、市)来确定海岸带。墨西哥等国家就是按照这个标准来划定海岸带。墨西哥定义海岸带为陆地区域、海洋区域、岛屿的综合体:陆地区域被沿海自治市或者靠近沿海自治市的内陆自治市覆盖;海洋区是指被淹没在水下的区域往上到 200 米等深线处;岛屿是指墨西哥所有岛屿的组合。运用行政标准来确定海岸带范围的优点是边界清晰、管理便利,但是不能把具有海岸带经济价值的地区都包括进来。

任意距离:一般指以海岸线为基线,人为地划定一定距离向陆向海两面延伸。中国、英国、澳大利亚等国家就主要是按照这个标准来划定海岸带。中国海岸线向陆方向延伸 10 千米左右,向海至水深 10～15 米等深线处;在河口地区,向陆延伸至潮区界,向海方向延至浑水线或淡水舌。运用任意距离来确定海岸带范围的优点是简便易行、简单明了,但是可能与海岸带地形、生态环境及经济活动的性质毫不相干。

环境单元:指由选出的环境单元组成海岸带的管理区,而这些环境单元不仅仅限于沿海地区。美国的得克萨斯州就是按照这个标准来划定海岸带。运用环境单元来确定海岸带范围的优点是有可靠的生态和科学依据,但是环境单元本身一般不易被人所了解,给管理带来很多的问题。

从以上四个标准可以看出,每个标准都有自己的优缺点,没有一个标准是普遍适用或者能满足有效划分管理区域所需要的全部条件。因此在确定海岸带范围时,各国须依据具体情况综合运用。我国海岸带范围就以任意距离和行政标准相结合来确定的,从海岸线向陆一侧的 10 千米距离范围主要以行政边界为标准,向海一侧以具有完全主权的领海区域为界。由《中华人民共和国海洋行业标准(HY/T094—2006)》中《沿海行政区域分类与代码》中显示,中国海岸带范围,陆地上包括有海岸线的省、直辖市和自治区、地区和地级市、县和县级市(区)范围,共计 11 个沿海省、市、自治区的 53 个地级以上市和 245 个县(市、区),海上包括内水和领海(中国海岸带区域行政区划见表 5-2)。

表 5-2 中国海岸带区域行政区划

地区	沿海地市行政区	沿海地带行政区
辽宁(6个)	丹东市(1个)	东港市
	大连市(9个)	中山区、西岗区、沙河口区、甘井子区、旅顺口区、金州区、长海县、瓦房店市、普兰店市
	营口市(4个)	西市区、鲅鱼圈区、老边区、盖州市
	盘锦市(2个)	大洼县、盘山县
	锦州市(1个)	凌海市
	葫芦岛市(4个)	连山区、龙岗区、绥中县、兴城市

续表

地区	沿海地市行政区	沿海地带行政区
河北（3个）	秦皇岛市（5个）	海港区、山海关区、北戴河区、昌黎县、抚宁县
	唐山市（4个）	丰南区、滦南县、乐亭县、滦南县
	沧州市（2个）	海兴县、黄骅市
天津（1个）	天津市（3个）	塘沽区、汉沽区、大港区
山东（7个）	东营市（5个）	东营区、河口区、垦利县、利津县、广饶县
	烟台市（11个）	芝罘区、福山区、牟平区、莱山区、长岛县、龙口市、莱州市、蓬莱市、招远市、海阳市
	潍坊市（3个）	寒亭区、寿光市、昌邑市
	威海市（4个）	环翠区、文登市、荣成市、乳山市
	青岛市（10个）	市南区、市北区、四方区、黄岛区、崂山区、李沧区、城阳区、胶州区、即墨市、胶南市
	日照市（2个）	东港区、岚山区
	滨州市（2个）	无棣县、沾化县
江苏（3个）	南通市（5个）	临安市、如东县、启东市、通州市、海门市
	连云港市（6个）	连云区、海州区、赣榆县、东海县、灌云县、灌南县
	盐城市（5个）	响水县、滨海县、射阳县、东台市、大丰市
上海（1个）	上海市（6个）	宝山区、浦东新区、金山区、南汇区、奉贤区、崇明县
浙江（7个）	杭州市（3个）	滨江区、萧山区、余杭区
	宁波市（11个）	海曙区、江东区、江北区、北仑区、镇海区、鄞州区、象山县、宁海县、余姚市、慈溪市、奉化市
	温州市（8个）	鹿城区、龙湾区、瓯海区、洞头县、平阳县、苍南县、瑞安市、乐清市
	嘉兴市（3个）	海盐县、海宁市、平湖市
	绍兴市（2个）	绍兴县、上虞市
	舟山市（4个）	定海区、普陀区、岱山县、嵊泗县
	台州市（6个）	椒江区、路桥区、玉环县、三门县、温岭市、临海市

续表

地区	沿海地市行政区	沿海地带行政区
福建（6个）	福州市（6个）	马尾区、连江县、罗源县、平潭县、福清市、长乐市
	厦门市（6个）	思明区、海沧区、湖里区、集美区、同安区、翔安区
	莆田市（5个）	城厢区、涵江区、荔城区、秀屿区、仙游县
	泉州市（8个）	丰泽区、洛江区、泉港区、惠安县、金门县、石狮市、晋江市、南安市
	漳州市（5个）	云霄县、漳浦县、诏安县、东山县、龙海市
	宁德市（4个）	蕉城区、霞浦县、福安市、福鼎市
广东（14个）	广州市（9个）	荔湾区、越秀区、海珠区、天河区、白云区、黄埔区、番禺区、南沙区、萝岗区
	深圳市（6个）	罗湖区、福田区、南山区、宝安区、龙岗区、盐田区
	珠海市（3个）	香洲区、斗门区、金湾区
	汕头市（7个）	龙湖区、金平区、濠江区、潮阳区、潮南区、澄海区、南澳县
	江门市（5个）	蓬江区、江海区、新会区、台山市、恩平市
	湛江市（9个）	赤坎区、霞山区、坡头区、麻章县、遂溪县、徐闻县、雷州市、吴川市、廉江市
	茂名市（3个）	茂南区、茂港区、电白县
	惠州市（3个）	惠城区、惠阳区、惠东县
	汕尾市（3个）	城区、海丰县、陆丰市
	阳江市（3个）	江城区、阳西县、阳东县
	东莞市	—
	中山市	—
	潮州市（2个）	湘桥县、饶平县
	揭阳市（3个）	榕城区、揭东县、惠来县
广西壮族自治区（3个）	北海市（4个）	海城区、银海区、铁山港区、合浦县
	防城港市（3个）	港口区、防城区、东兴市
	钦州市（1个）	钦南区
海南（2个）	海口市（3个）	秀英区、龙华区、美兰区
	三亚市（1个）	—
	省直辖县级行政单位（10个）	琼海市、儋州市、文昌市、万宁市、东方市、澄迈县、临高县、昌江黎族自治县、乐东黎族自治县、陵水黎族自治县
11	53	245

第二节 海岸带综合管理

一、海岸带综合管理定义的发展

1993年世界海岸大会定义海岸带综合管理为：一种政府行为，协调各有关部门的海洋开发活动，应确保制定目标、规划及实施过程中尽可能广泛地吸引各利益集团参与，在不同的利益中寻求最佳方案，并在国家的海岸带总体利用方面，实现一种平衡。

1996年美国海洋管理专家约翰·克拉克在其专著《海岸带管理指南》中定义海岸带综合管理为：通过规划和项目开发，面向未来的资源分享，应用可持续概念等检验每一个发展阶段，试图避免对沿海区域资源的破坏。

海洋法专家杰拉尔德·曼贡定义海岸带综合管理为：根据各种不同的用途，以战略眼光，站在国家的高度进行规划，由中央政府来制定规划，并监督地方政府通过足够的资金来实施。

1997年美国海洋学家索伦森在《海岸管理》一文中定义海岸带综合管理为：以基于动态海岸系统之中和之间的自然的、社会的以及政治的相互联系的方式，对海洋资源和环境进行完全规划和管理，并用综合方法对严重影响海岸资源和环境数量和质量的利害关系集团进行横向（跨部门）和纵向（各级政府和非政府组织）协调。

2001年中国著名海洋管理专业鹿守本先生在总结我国海岸带管理经验和吸收有关专家所给定义的基础上定义海岸带综合管理为：高层次的管理，通过战略、区划、规划、立法、执法和行政监督等政府职能行为，对海岸带的空间、资源、生态环境及其开发利用的协调和监督管理，以便达到海岸带资源的可持续利用。

二、海岸带综合管理的发展历程和现状

1972年美国国会通过了《海岸带管理法》，这是因为当时许多发达国家的海岸带地区都出现了人口压力大、开发利用程度高以及生态环境破坏、用户之间冲突加剧等的问题，为了较好地解决这些问题，这些国家采取了相应的海岸带管理政策框架，作为对与海岸有关的环境问题不断认识的响应。

美国的海岸带管理最初的机制是为了避免海岸带地区的开发错误和改进开发规划,并不综合地解决整个海岸带及其全局的资源问题。美国海岸带管理经过 10 年的发展,到 20 世纪 80 年代初,逐渐加入了多用途管理和多部门之间的协调和有效联系等内容,发展成为海岸带综合管理。随后 1992 年在里约热内卢召开的联合国环境发展大会上确立了海岸带综合管理是海岸带可持续发展的中心概念,号召沿海国家承诺在其管辖内的沿海区和海洋环境进行综合管理和可持续发展。

中国海岸带综合管理实行分级管理的行政体制。起初,我国海洋管理是以行业管理为主。1964 年,国家海洋局成立,最初的职责是统一管理海洋资源调查和海洋公益事业服务。20 世纪 80 年代以来,国家分级管理海洋的行政体制形成,地方海洋行政管理机构相继建立。当下地方管理机构形成了三种模式:一是海洋与渔业结合;二是海洋与土地、地矿结合;三是专职海洋行政管理机构,地方与国家合并。可以说,我国海洋管理机构具有半集中的特点,除了海洋行政管理部门以外,其他涉海行业部门也具有管理本行业开发利用海洋活动的职能,如渔业、交通、旅游、石油、矿产、盐业等。

我国已制定了维护海洋权益的法律、海洋资源开发管理法律等相关法律法规,已经形成初步的海洋管理法规体系框架。我国海洋执法主要有中国海监、中国海事、中国渔政、海关、海军、边防、环保 7 支管理队伍,分别履行职责,已经有了初具规模的海洋执法队伍。海洋监察执法已经形成了国家和地方相结合的执法体系。此外,海洋管理的测量、勘探、评价、论证等技术服务体系逐步完善,海洋天气和灾害性预报等公益服务事业也得到了长足发展。

三、中国海岸带综合管理的内容

当下,中国海岸带管理的基本内容主要包括:

(1)运用法律对我国海岸带实行有效管理,防止海域被侵占、损害和破坏以保障我国海岸带权益。

(2)通过海岸带功能区划分和开发规划,指导、约束海岸带和专属经济区及大陆架等资源的开发利用,以形成合理的产业布局。

(3)全面监视近岸海域,基本控制我国管辖海域内的各类活动及突发事件。通过组织海岸带科技重大项目,加强海岸带科学和高新技术研究。

（4）环境管理。以保护和改善海洋环境、维护海洋生态平衡为目标，划定近岸海域环境功能区，控制陆源、海岸工程建设项目、海洋工程建设项目、海洋倾废等污染源对海岸带的污染损害，以及开发利用活动对海洋环境的有害影响，防止生态环境和生物多样性遭受人为过度损害。

（5）海岸带保护区管理和公益服务管理。海洋公共基础设施和海上活动的公共服务系统，是认识海洋、减灾防灾、保障海上安全的必备条件。

四、中国海岸带综合管理目的

海岸带是一个特定的自然区域，是一个多资源、多领域、多要素和多层次的复杂系统，在开发、利用和治理过程中涉及国民经济各部门和地区之间的关系，这就决定了海岸带综合管理的基本目的是：发挥海岸带资源的多种功能及其综合效益，确保海岸带资源开发和保护之间的平衡发展，实现海岸带的可持续发展，以获取最大的经济效益、社会效益、环境效益和生态效益，具体体现如下。

（1）强调发展：发展是海岸带可持续发展的核心和灵魂。如果不保持经济总量的持续、有序增长，海岸带地区的可持续发展将无从谈起，况且海岸带又是我国人口和经济活动的重心地带，它对于全国的可持续发展具有重大的作用。但是发展必须是协调型的发展，如果一味地追求经济增长而不顾其他，那么海岸带的可持续发展势必会受到限制。因此，还要强调发展科技以提高海岸带开发利用的效率，实现海岸带地区经济、资源、环境和社会的协调发展。

（2）保护并重：保护因自然灾害（如强风、地震、海啸和沿海侵蚀）造成的过度的物质损失和生物损失。同时由于海岸带生态系统存在于恶劣的环境——强风、高盐和气温、水温的巨大变化，河流供给的营养盐和浅水区充足的阳光支撑着沿海的生态系统，海岸带管理必须密切关注沿海生态系统的生态细微变化，保护海岸带生态系统的完整性。

（3）可持续利用：对密切相关的物种和生态系统进行明智的利用和科学的管理，以使人们目前和潜在的利益不受影响。这就要求对资源加以保护，使资源自身的再生能力永远都不受损害。只有这样的管理才能保持生物的潜力，增强可再生资源的长期经济潜力。资源可持续利用的准则是：对资源的获取、提取或利用不能超过在同一时期内可能产生或者再生的数量。重要的是要了解沿海环境退化所能接受的限度和沿海资源可持续利用的极限,确定生态系统的承载能力,使其永远保持在最低限度以上。

五、海岸带管理信息化

海岸带管理的信息化是一项庞大、复杂的工程,可以通过建立海岸带管理信息系统来实现。它是在国家信息化统一规划和组织下,逐步建立起由海岸带信息源、信息传输与服务网络、信息技术、信息标准与政策、信息管理机制、信息人才等构成的信息化体系;利用日趋成熟的信息采集技术、管理技术、处理分析技术、产品制作和服务技术等,建立以海岸带信息应用为驱动的信息流通体系和更新体系,使海岸带信息的采集、处理、管理和服务业务走向一条健康、顺畅、正规的发展道路,逐步实现国家海岸带信息资源的科学化管理与应用。

海岸带信息化主要任务有三个方面:一是海岸带信息的数字化,将不同信息源的、不同属性的各类海岸带信息进行数字化处理,形成以基础地理、环境、资源、经济、管理等为主题的、统一的、标准的、易于理解和使用的海岸带基础数据库。二是信息的网络化,建设海洋实时信息采集与传输网络、统计信息网络和海洋行政管理信息网络。三是海岸带基础信息服务的社会化。开发海岸带基础性、公益性信息资源,促进海岸带信息产业化进程,实现社会共享。

海岸带管理信息系统是由信息获取、信息处理、信息存储与更新和信息应用四大部分组成。该系统是实现"数字海洋"的关键,促进人类对海岸带开发、利用的方式更趋于合理、有效,保证海洋可持续发展。

第三节 海岸带的综合利用

由于海岸带具有各方面开发利用的价值,而不同的开发利用目的之间往往相互牵制甚至发生矛盾。长期以来大多是由各地区、各经济部门进行单目标开发利用,以致某些资源遭到破坏或污染环境。例如,海岸工程建成后,海岸动力因素发生变化,可能引起新的工程技术问题;水流、滩涂的演变也会对鱼类洄游和贝类生长发育条件产生影响;采油和排污工程有污染环境的危险,并对稀有动植物、珍贵文物、名胜、古迹和游览胜地产生影响,等等。各国在这方面均有不少经验教训。如埃及阿斯旺水坝的修建使入海口海岸迅速蚀退,沙丘体阻塞溯河性鱼虾洄游通道,仅沙丁鱼减产每年即损失几百万美元。但是直到20世纪60年代,海岸带的综合利用问题才被明确认识。许多沿海国家开始采取措施,对海岸带实行综合管理和开发,已取得成果。例如,荷兰于1953年开始进行的"三角洲计划(The Delta Project)",完成后能防止高潮洪水灾害,改善鹿特丹港和安特卫普港的航运条件,并使莱茵河下游两侧河网完善,形成的淡水湖能确保工业和生活用水,还可以开辟新的游览区。

海岸带综合利用的工作主要包括:

(1)开展海岸带调查,全面掌握自然、社会和经济条件。如中国20世纪50年代开始对全国大部分海区的海岸带进行了普查,70年代以后,又开展了全国海岸带和海涂资源综合调查。

(2)通过对海岸带资源进行综合评价,制定旨在保护环境并获取最大经济效益的综合开发利用的规划,进行多目标开发,尽可能创造资源保存和再生的条件。

(3)加强海岸带管理。制定管理法规,建立专门机构,协调各种资源开发和工程建设,进行环境监测和保护,监督综合开发利用方案的实施。各国对此都很重视,美国1972年通过了《联邦海岸带管理条例》,从联邦到各州都建立了海岸带管理机构。中国也设立了全国和沿海省、直辖市、自治区海岸带开发和管理的机构,拟订《中华人民共和国海岸带管理法》,并于1984年底成立了中国海岸带开发与管理研究委员会。

第四节　海岛经济

海岛是国土的重要组成部分,是国家发展海洋经济的前沿阵地。随着海洋经济的蓬勃发展,海岛经济的发展已经成为世界各国普遍关注的焦点。海岛作为第二海洋经济带,其作用也越发凸显。尤其对沿海地区,在渐趋饱和的发展空间制约下,海岛开发带来了一个全新的发展空间。

一、海岛经济的定义

海岛经济是指以海岛陆地资源、周边海洋资源及其地理区位为依托,以市场为导向,"岛—海—陆"统筹协调发展,有着鲜明的地域特色和发展演化特征,具有一定脆弱性的地域经济类型。

二、海岛经济的特点

(1)海岛资源优势突出,劣势明显。资源优势主要体现在"渔、港、景"上,劣势主要体现为淡水资源和常规能源非常短缺以及基础设施落后。海岛分散在海中,规模较小,基础设施难以达到规模经济水平,因而交通、邮电通讯等设施都不足。由于海岛陆地狭小,河流源短流激,土质薄、蓄水能力差,加上降水季节分布不均,造成海岛普遍缺水。据全国海岛资源综合调查,我国有淡水资源分布的海岛 490 个,仅占海岛总数的 7% 多一点。即使有淡水的岛,其水资源也极为有限,开发成本往往比大陆高 6～7 倍。海岛电力和燃料等常规能源的供应也不足。据全国海岛资源综合调查,海岛人均能耗为 0.2 吨标准煤,仅为全国人均水平的 1/3。淡水、能源和基础设施的缺乏,严重制约了海岛的经济发展。

(2)产业单调,总体水平低。海岛经济是以海洋资源开发为基础发展起来的资源型经济。由于受自然、资源、经济、技术等条件的限制,在长期的历史发展过程中,除少数条件较好的大岛外,绝大多数海岛是以渔业为主,辅以少量种植业,第二、第三产业落后。

(3)独立性差,天然外向。海岛大多数面积较小,人口不多,本身市场容量有限。海岛经济发展,一方面要靠从岛外输入大量的资源、人才及技术,另一方面海岛生产的产品又需要销往岛外,通过岛外市场纳入社会经济再循环之中。单独依靠海岛的力量难以发展。所以,海岛经济具有天然的外向性,经济发展程度越高,其外向性和对外依赖性也越高。

(4)地区差异大,岛间不平衡。海岛经济的地区差距主要表现在两个方面:一是在省市区间分布差异大。其经济总量主要集中在浙江、山东、辽宁、上海、广东,其余省市就少些。二是同类海岛之间(如县级海岛)差异大,如

1996 年长岛县人均 GDP 为 29 091 元,洞头县只有 4 832 元,相差 6 倍。海岛间经济发展的不平衡表现在三个方面:一是主要集中于有居民的海岛,二是主要集中于大海岛,三是集中于近陆岛。

三、我国海岛经济发展的战略重点

(1)绿色开发:首先是发展绿色产业。依托生态环境优势,发展绿色农业、绿色工业、绿色生态旅游业;其次是强化生态环境保护和综合治理。通过环岛大堤、干线公路、河道和林地的大规模植树绿化,大幅度提高海岛森林覆盖率;疏浚拓宽河道,加强水利基础设施建设,改善海岛引排水循环系统,建设海岛范围内的垃圾、污水收集处理系统,从总体上实现经济和环境建设的"双赢"目标。

(2)外向发展:对于有条件的海岛,应培育出口加工工业和港口服务业。加快探索离岸金融、自由贸易区建设。加大招商引资力度,提高利用外资的质量和水平。优化出口产品结构,巩固传统大宗骨干出口品种,开发科技含量和附加值高的新产品。加强国际经济技术合作与交流,扩大劳务输出,努力实现经济增长方式的转变。

(3)结构优化:根据建设生态岛的要求,以"三、一、二"为产业发展序列,以循环经济和清洁生产为方向,大力发展生态旅游、会展博览、中转物流等为主的现代服务业,积极发展以有机农业和特色农业为主的生态型现代农业,努力发展以生命科技为主的高新技术产业和面向出口的轻型加工业。

(4)交通兴岛:加大航运交通基础设施投入,提升水路客运能力;构建岛内高速公路、干线公路、支线公路和乡镇公路等四类公路交通系统;建设现代化深水组合港口,以港口的快速发展促进出口加工区、自由贸易区等新兴产业区的形成;规划建设越海轨道交通线,最终形成立体、安全、便捷的对外交通体系。

四、我国海岛经济的发展策略

1. 海岛农业

从发展农业生产的条件看,海岛有优越的海洋气候条件、丰富的渔业资源以及较大的滩涂资源开发潜力等优势,但也存在交通不便、水源不足、耕地贫乏、能源紧张、资源衰退等问题。从发展农业生产的现状看，既有合理开发利用和保护农业资源的成功经验，也存在不合理的、无远见的资源破坏等严重教训。在制订和实施海岛绿色农业发展规划中，应以保护生产环境和维护生态平衡为前提，以发挥海岛农业资源优势为特色，以提高农产品质量水平和市场竞争力为核心，以实现农业增效和农民增收为目标，按照产业化经营的要求，大力发展荒岛畜牧业、绿色和有机食品业、旅游观光农业，努力使之成为海岛农业经济新的增长点。

海岛农业的发展应重视几个方面：

（1）改善生态环境。海岛生态环境脆弱，抵御自然灾害的能力低，风沙危害、水土流失、干旱缺水等问题困扰着农业的发展，必须增加投入，搞好海岛绿化和农田基本建设，以改善生态环境。

（2）发展海岛畜牧业。通过多种途径，大力引进食草动物和特种经济动物，推动海岛畜牧业发展。

（3）实施品牌战略。一方面对蔬菜瓜果、生猪等主要农产品实施无公害生产，培育有机茶、畜产品等优良品牌；另一方面加快特色产业的发展，逐步形成特色产业的一体化。

（4）发展旅游观光农业。通过农业与旅游两种资源的有机结合，提高农业的综合效益，实现农业经济、生态、教育、文化等功能的统一，以推动海岛绿色农业的发展，并为农民提供就业岗位。

（5）加强环境治理。通过引进推广优质、高抗的农产品新品种，提高农作物、畜禽的抗病虫害能力，推广规范化的绿色安全生产技术，降低农药化肥、饲料添加剂、兽药等使用不当造成的农产品污染，加强对农产品基地的环境监测，采取各种治理措施，使农业生态环境向良性循环发展。

2. 海岛渔业

现代意义上的海岛渔业，是捕捞、养殖、育苗等基础产业的综合，加上渔业服务业和水产加工业，再加上生态渔业，是把整个渔业生态系统的全部要素按照生态规律和经济规律的要求进行系统调控与优化配置的大渔业。因而，发展生态渔业，实现渔业生态效益、经济效益、社会效益的统一是海岛渔业实现可待续发展的必然选择。

福建省南日岛"南日鲍"是南日岛的自主品牌,也是福建省第一件水产类证明商标。由于这里地理位置独特,水质清新、水温适中,养出的鲍鱼体肥壳艳,味道鲜美,营养丰富,是接近野生的绿色食品,深受国内外消费者欢迎。"南日鲍"也逐渐声名远扬。在科技人员的帮助下,南日岛培养了自己的鲍鱼品种,建起了自己的育苗基地,养鲍产业迅速发展。目前,全岛养殖户已组建鲍鱼专业合作社100余家,鲍鱼养殖逐步规范化、集约化,有力推动了南日鲍鱼养殖业发展。近年来,南日岛鲍鱼产业还在向加工环节延伸,已引进"阿一"鲍鱼加工项目,南日岛鲍鱼产业有望继续壮大。

海岛渔业的发展应确定几个方向:

(1)"高产、优质、高效"地发展渔业。在制定目标时,应以"高价值含量、高环境效益、高技术含量"为发展目标,坚持高价值含量与高环境效益并重,依靠现代科学技术,加快渔业现代化的进程。

(2)开放式发展渔业。一要注重外向开拓,以国内外市场需求为导向,充分利用国内外两种资源,以更多的名优特水产品进入国际市场,扩大出口创汇能力;二要以市场为取向,通过国家、地区、生产者之间的交换与贸易,使渔业资源达到最优配置,生产力得到迅速发展,大幅度提高渔业资源的利用效率;三要水产品高度商品化,要大力推进渔业商品化和专业化进程,培育有比较优势的主导产业和领头产品,加速渔业内部结构的调整和升级,创造渔业经济的高效益。

(3)立体式发展渔业。即发展以海洋捕捞、养殖和海洋生物综合开发利用为主体的海洋"蓝色渔业"。在渔业产业结构调整上,坚持多品种、多形式、多元化和可待续发展的原则。养殖业要尽快培植起海带、扇贝、海湾贝、海参、鲍鱼、虾夷贝、海胆、鱼类等八大重点养殖品种的规模优势;捕捞业要在稳定现有规模的基础上,加快渔船及设备的更新改造步伐;水产品加工业要按照高起点、高科技含量、高附加值、高出口创汇的要求进行工业产品结构调整。

3. 海岛工业

海岛经济较海岸带大陆经济薄弱得多,最主要的原因之一就是海岛工业落后。在我国,随着开发"蓝色国土"浪潮的兴起,海岛工业的发展问题开始引起了关注。发展海岛工业可以充分利用海岛工业资源,优化海岛经济产业结构,提升海岛经济功能。

海岛工业的发展应重点抓好几个方面:

(1)寻求现有产业接口,优化海岛产业结构。将海岛工业纳入海岛区域经济体系之中,使之与既存产业协调衔接,形成纵深配置。从全国海岛看,主导产业是渔业,盛产原盐的海岛重点发展盐化工业,有矿产业或旅游业的海岛主要发展与之配套的采掘、冶炼设备或工艺制品等工业。依托主导产业,靠近原料产地和消费市场,可以大大节省运输时间,减少流通费用,便于进行要素供给和产品销售,甚至可以进行农、工、商的统一管理,从而使工业早日越过原始积累阶段,形成第一、二、三产业间的良性循环。

(2)避开自然资源约束,发展海岛特色工业。多数海岛工业自然资源贫乏,尤其是可耗尽资源储量有限,更新性资源再生能力不足。淡水资源短缺几乎是所有海岛发展的制约因素,所以海岛工业发展必须避开这一短处。在结构目标上,尽可能选择不用或少用当地自然资源的工业门类。

2011年3月,浙江省摘箬山岛成为我国第一个海洋科技岛。科技岛由浙江大学与舟山市人民政府共建,舟山市以"零租金"形式支持浙江大学开展相关研究。科技岛建设的核心内容是国家层面的海洋科技示范区,涵盖了海岛新能源互补开发利用技术示范(智能电网)、海岛供水系统示范(海水淡化工程等)、海洋产业技术示范、智慧海岛技术示范、海岛环卫处理系统示范等。浙江大学舟山海洋研究中心主任胡富强认为"理想的状态是,到2030年时实现远期目标,让摘箬山岛成为世界一流的海洋科研基地,功能上也由单一走向综合,集科研、示范、休闲、旅游、生态为一体。"按照规划,海洋科技岛在建设过程中,将力求实现岛屿生态系统的零排放、零污染和良性循环,并利用计算机系统集成和通讯信息技术方法,实现岛屿的智慧化管理。

(3)积极利用海洋能源,把电力工业作为战略支点。海岛地区石化燃料等常规能源短缺,供电条件较差,发展电力工业是一个至关重要的战略问题。由于海岛四面环海,海洋能资源得天独厚,利用海洋能发电大有可为,海洋能包括潮汐能、波浪能、温差盐差能等,又由于"风生海上",也可以把风能纳入海洋能系统。发展多种经济成分,建立灵活的管理体制。海岛由于空间地线狭小,资源聚集度低,工业企业的组织规模一般都比较小,可建立灵活多样的管理体制。

（4）坚持清洁生产，保护海岛资源和环境基础。海岛一般人口负荷不重，八方敞开的海域具有较强的自净能力，但资源有限，生态环境脆弱。所以，一开始发展工业就要走提高资源利用效率和环境保护的道路，要实行资源有偿使用制，对项目进行可持续影响评估审查，选择能够实现能量充分利用和循环自净效应的生态工业项目，也可直接生产环保用品，从事三废处理、污染防治的环保工业。

4. 海岛旅游业

目前，海岛旅游在整个海洋旅游业中的地位越来越突出。许多海岛已成为国际旅游的热点，一些海岛国家或地区由于海岛旅游业的发展而带来了社会经济的繁荣。我国海岛有得天独厚的丰富的自然资源和人文景观，发展海岛旅游业的前景无限。但由于自然的和历史的原因，我国海岛旅游业开发还存在着不少困难。一是海岛封闭性决定了海岛开发的困难性和依附性，有些海岛离陆地较远，开发的难度较大；二是多数海岛土地瘠薄，淡水奇缺，交通不便，原材料、燃料不足，发展旅游业的自然资源制约较大；三是由于历史的原因，多数海岛几十年处在国防前线，国家投资少，经济技术基础较差，特别是旅游基础设施较差。以上种种因素，制约着海岛旅游业的发展。

海岛旅游业的发展应从几方面入手：

（1）采取多种经营方式。在国家旅游部门统一规划和管理下，采取国家、集体、个人、外商等多种投资渠道，多种经济成分的经营方式。开展诸如爬山、游泳、野炊、射击、垂钓、冲浪、划船等旅游活动，尤其要大力开展家庭式民俗旅游。在岛上创办各具特色的旅游服务业，特别是避暑疗养业。

（2）加强海岛基础设施建设。进一步加快水、电、路、港、通讯等设施的建设。

（3）军为民用，军民共建。几十年来，海岛一直是国防前哨，国家在沿海岛屿建设了大批国防工程，特别是地下工程，这些工程有的已经废弃，有的基本闲置。在发展海岛旅游时，可将这些工程改造成旅游设施，如地下旅馆、饭店、商场、娱乐场、酒吧、水晶宫。这样可使我国几十年来投入资金数以百亿计的海岛地下工程变死为活，创造出巨大的经济效益。由于海岛特定的地理环境，适合于特种政策和特殊管理，可以给某些海岛自由岛政策或特区政策，创办旅游业。

（4）以大城市为依托，建设各具特色的海岛旅游区，开发城市周围的海岛旅游。

思考与练习

1. 简述海岸带综合管理的手段及重要性。
2. 简述我国海岛经济发展方向。

第六章

海洋法规与权益

第一节　走向深蓝的重要性

21 世纪将是海洋的时代。人类社会发展至今已有 7 万～9 万年历史,从远古狩猎社会步入至农业社会,再从农业社会过渡到工业乃至科技社会的今天,海洋与海洋权益在其中扮演着举足轻重的角色。海洋是人类从古至今赖以生存的基本空间,提供丰富的能源资源与水产资源,其拥有的资源能够养活近 300 亿人口,同时也是今天国家之间国际政治地位名利场的角逐,而在这场愈演愈烈的全球角逐中,海洋权益是最重要的中心。

海洋权益(以下简称"海权")这个概念是在 20 世纪 90 年代才渐渐开始引入我国涉海的文献与法律法规当中,随着近年海洋领土与资源的争端在我国与周边国家当中愈演愈烈,这个概念不得不一次次受到学界、政治界、媒体舆论界的广泛关注。大量的文献表明,海权是海洋法律制度和国家与海洋关系发展产生的一个抽象概念,是一个法律概念,指国家在海洋上的合法权利和利益。

我国坐拥 1.8 万多千米的大陆海岸线,沿海的 500 平方米以上岛屿 6500 多个,约 300 万平方千米的可管辖海域,有 4 亿多人居住在临海区域,沿海地区所创造的 GDP 占全国总 GDP 的 60%。在大航海时代中,从西班牙航海帝国到日不落帝国再到今天处处称霸海上主权地位的美国,世界强国无一不是海洋大国。中国当前经济正处于转型时期,能源经济的发展与海洋丰富资源的合理配置都将使 21 世纪的中国走向经济大国经济强国之列。2019 年 4 月 23 日,习近平总书记正式提出海洋命运共同体这一重要理念。"我们人类居住的这个蓝色星球,不是被海洋分割成了各个孤岛,而是被海洋连结成了命运共同体。"时时提醒着每一位涉海人士,中华民族的振兴,必须要树立起新型的海洋观,必须加强与完善我国的海洋立法,丰富我国海洋法的内涵与外延,坚决捍卫中华人民共和国的每一项海洋权益。

第二节 《联合国海洋法公约》概述

一、《公约》的历史沿革

世界海洋法的编纂史可以追溯至 1930 年,国际联盟组织各国于荷兰海牙召开国际法编纂会议。我国上海研究院海洋法研究中心金永明先生认为,尽管此次会议在当时没有缔结相关的条约,但依旧提高了国际社会对海洋立法的重视程度,同时在很大意义上推动了海洋立法的进程。二战以后,世界进入新格局,以美元为主要交易货币的布雷顿森林体系的建立以及贸易的扩大和远洋运输业的蓬勃发展,使海洋立法对于当时的海洋大国来说迫在眉睫。1945 年,美国总统杜鲁门发布了《美国关于大陆架的底土和海床的自然资源的政策的总统公告》。其内容主要指出:(1)美国政府对于美国领海海岸上的渔业有权进行养护;(2)美国政府认为处于公海下但毗连美国海岸的大陆架的底土和自然资源属于美国,受美国的管辖和控制。受此公告的影响,世界其他国家纷纷站出来主张自己的海洋管辖权,总部位于瑞士日内瓦的联合国不得不召开第一次海洋法会议(1958 年),此次会议主要通过了四部公约:《公海公约》《大陆架公约》《领海及毗连区公约》《公海生物资源与渔业公约》。尽管这四项公约使得海洋立法有了重大突破和进展,但鉴于当时二战刚刚结束不久的局势,许多发展中国家包括中国在内,并没有参与此次会议。加之此次会议没有对各国最关心的问题即领海的宽度问题做出规定,因此,呼吁联合国召开第二次的海洋立法会议的呼声越来越高。

联合国大会为了保证其他亚非等国家的海洋权益,针对海洋立法问题中的领海宽度等其他问题又于 1960 年 3 月召开了第二次会议,但针对领海宽度问题各国依旧意见持续对立,最终也没有讨论出更深层次的立法问题,该次会议草草结束。

20 世纪 60 年代可谓是亚非拉崛起的时代,1959 年古巴独立,1960 年亚非拉共有 17 个国家独立,摆脱了殖民统治的阴影,大部分非洲与南美洲国家逐渐加入到主张其海权的队伍中来,这些国家的海权意识开始增强,随着经济格局的新变化,他们开始谋求自新,希望建立新的国家海洋法新秩序希望以此维护其海权。在智利、秘鲁等其他南美洲国家联合签署的《蒙得维的亚海洋法宣言》、1971 年关于发展中国家南美洲国家的《海洋法决议》、1973 年非洲国家《海洋法问题的宣言》,这些宣言与决议中,无一不体现非洲与南美洲国家开始重视并主张自己的领海和专属经济区管辖权益。

因此,第三次联合国海洋立法会议在这样的局势下不得不召开。我国于 1971 年 10 月 25 日恢复联合国合法席位,1973 年 12 月 3 日,我国也以联合国成员国身份参与了在纽约联合国总部召开的第三次联合国海洋法会议,旨在制定一个新的符合发展中国家的海洋利益的新秩序。此次会议历时近 10 年,共包含了 11 期 16 次会议,最终成员国和联合国大会达成一致,在 1982 年结束会议,建立了新的海洋法秩序,并于牙买加的蒙特哥湾签署《联合国海洋法公约》,于 1994 年开始生效。而我国也于 1996 年 5 月 15 日正式批准了《联合国海洋法公约》,同年 7 月 7 日在我国生效。

二、《公约》创立的重要成果

想要理解整个海洋的水域界限划分,不得不提到第三次联合国海洋立法会议的成果。《联合国海洋法公约》(*United Nations Convention of the Law on the Sea*)(以下简称《公约》),又被称为"海洋社会的宪法"。经历了三次会议才通过了的《公约》凝聚了整个国际社会的心血,新的海洋法秩序由此展开。《公约》对于海洋立法功不可没,对"内水""领海""大陆架""专属经济区""公海"等都做了详细的定义。几十年来,其既统治着也规范着全球的海洋社会秩序,解决了世界各国海洋间的许多的争端,其中最主要的是其创造的三个成果,给当今世界各国海洋国内法的立法奠定了立法的基石。

(一)领海及领海宽度

领海是指沿海国的主权管辖下和其内水以外相邻的一定宽度的海域,或在群岛国及于其群岛水域以外邻接的一代海域,领海是国家领土组成的一部分,其属沿海国对领海道德主权极于其上空、海床和底土。拥有主权管辖权。《公约》在联合国海洋立法的第三次会议中终于确立了国际社会争执多年的"领海宽度"问题,《公约》第三条规定:"每一国家有权确定其领海的宽度,直至从按照本公约确定的基线量起不超过 12 海里的界限为止"。"领海"的概念大约最早于 1661 年被提及于意大利法学家提里斯的书中,其表明沿岸的水域包括在该水域所连接的海岸所属国家的领土之内,但那时他将此称为"领水"。到了 1982 年的《公约》中,领海的概念被正式确立,同时被国际社会适用至今天。各国对其领海应当享有绝对的主权并且可以行使管辖权,沿海国的领海主权仅受无害通过权的限制,任何国家不得侵害其他主权国家的领海主权。追溯到大航海时代,17 世纪初期荷兰著名法学家格劳秀斯曾在其《海洋自由论》中阐述,"对于海面上的一部分统治权可以属于一个人,也可以属于一块土地。"后代法学家将格劳秀斯的观点解释为领海制度,因此领海制度在古老的法学家著作中有迹可循也存在合理依据。

领海问题中不得不提到的是领海基线问题。《公约》将海域划分为内水、领海、毗连区、专属经济区、公海、大陆架、国际海底区域。这些海域的划分都是靠领海基线将他们划分开来。那么,领海基线是什么呢?根据《公约》的定义,领海基线是指测算领海、毗连区、专属经济区和大陆架宽度的起算线,其依靠各个基点连接起来并以此连成线(图 6-1)。在图中,我们可以看到各基点连成了领海基线,领海基线又将海域划分为了多种不同片区。

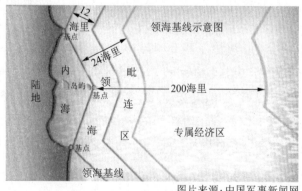

图片来源:中国军事新闻网

图 6-1　领海基线示意图

在国际实践中,领海基线被分为三种,分别为正常基线、直线基线、混合基线。正常基线,随着海岸线的弯曲而弯曲,《公约》第 5 条:"除本公约另有规定外,测算领海宽度的正常基线是沿海国官方承认的大比例尺海图所标明的沿岸低潮线"。正常基线作为当今世界采用划分海域界限最广泛的方式,其历史可追溯到 1825 年,当时英国与俄国正在对阿拉斯加海岸的基线条约中划分界限,两国以正常基线即海岸的低潮线作为了划分方式确立领海基线。

我国在实践中采用的为直线基线的方法对海域进行划分。直线基线,根据《公约》第 7 条,当在海岸线极为曲折的地方,或者如果紧接着海岸有一系列岛屿,测算领海宽度的基线的划定可采用连接各点的直线基线法。直线基线的使用可追溯到著名案例"英挪渔业案"。1935 年,挪威为了给其捕鱼范围区划定界限,于是对其海岸的 48 个点作为其基点,并将这些点连接成为其领海基线,连接起来的水域挪威将其作为自己的可捕鱼区域。但这片区域作为英国原先的捕鱼区域,对于英国来说损伤其利益,遭到了英国政府的强烈反对,两国因此对领海基线划分方式争执不下,无法做出裁定。1949 年,两国向国际法院提交争议,以期国际法院做出最终裁定。1951 年 12 月 18 日,国际法院做出了最终的判决,案件结果为挪威可以采用直线基线的方式来确定其领海基线,即挪威胜诉。

在该案中,国际法院认为,使用直线基线时,既应当考虑该沿海国海岸线是否极为曲折,还应当考虑该国的传统习惯及其经济利益等问题。国际法院对该案的判决可以证实,采用直线基线划分领海基线的方法并没有违反国际法的基本原则,这从很大程度上证实了直线基线的存在具有判例法的理论依据,也为直线基线的采用开了合法性的先河。我国在 1992 年的国内立法《领海及毗连区公约》中就声明:"中华人民共和国领海基线采用直线基线法划定,由各相邻基点之间的直线连线组成。"此次声明确立了我国在确定领海基线方面采用的将是直线基线方式。到了 1996 年 5 月 15 日,中华人民共和国发表《中国政府关于中国领海基线的声明》,宣布了两条基线分别是关于西沙群岛的领海基线和毗邻我国大陆邻海的部分领海基线。虽然此次声明仅仅只对极少部分地区声明我国的领海基线,但该声明对我国维护领海权益有了重要突破,也为我国领海基线的范围提供了一份书面依据。"英挪渔业案"过去了半个多世纪之久,但其为国际法直线基线的适用方式开辟了先河,而法律在不断发展与实践的过程当中也在悄然的发生变化,为了更好的适应当今世界的海洋秩序,我们有理由相信,中国有权利同其他国家一样适用直线基线来确立我国的领海基线。

而最后一种领海基线,称为混合基线,根据《公约》第 14 条:"根据沿海国的不同情况,可对基线进行正常基线和直线基线交替使用以此确定基线。"《公约》中领海和领海宽度及领海基线的确立方式,对今天世界各沿海国的海域来说可谓是影响深远,不仅对各国领海海域有了确定的划分方式,还在很大程度上维护了世界海洋秩序。

(二)毗连区、专属经济区、大陆架

如果说确立了领海基线的划分方式为世界海洋新秩序开辟了先河,那么作为《公约》的第二个成果,毗连区、专属经济区和大陆架的划分则对世界的意义更加非凡,《公约》对上述几项区域进行了详尽的划分与规定,为沿海国的海洋资源开发与利用都提供了法律保障。

毗连区是指沿海国领海以外但又毗连该国领海的一定宽度的海域。毗连区是一项根据世界长期实践的国际惯例而形成的国际法基本制度。众所周知,在国际法当中只有国际惯例、国际原则和国际条约三种才能作为国际法的渊源。根据《公约》的规定(图 6-2),我们可以看到毗连区是自沿海国的领海基线开始向外延伸不得超过 24 海里的区域,其中若沿海国的领海范围为 12 海里,则该国毗连区的范围则只能为 12 海里领海以外剩下的 12 海里的海域,而不是《公约》规定的 24 海里。

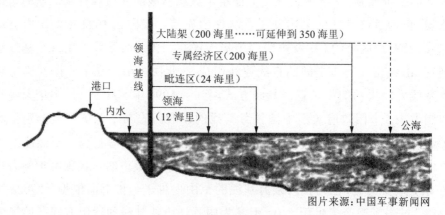

图片来源:中国军事新闻网

图 6-2　领海示意图

那么沿海国对自己的毗连区能够主张什么权利呢？根据《公约》的规定，沿海国对自己海域的毗连区虽不享有绝对的领海主权，但其对毗连区享有相对的管辖权，包括海关、移民、财政、卫生等管辖权。毗连区的管辖权在很大程度上维护了沿海国的安全以及沿海国本国的防疫卫生。一个国际条约或者公约需要在真正在国家实践中采用时，需要将国际条约或公约转化成国内法进行使用。我国于 1992 年通过了《领海及毗连区法》，对我国的领海和毗连区进行了划分。至此，我国在我国毗连区海域上行使海关、移民、财政、卫生等管辖权时真正做到了有法可依，有法必依。

如果说毗连区是出于对沿海国海上安全维护而行使的管辖权，那么专属经济区的规定则更加注重沿海国的经济利益。

专属经济区指沿海国领海以外邻接领海的一个受《公约》限制但沿海国对其享有一定经济权利的海域。根据《公约》第 57 条的规定，从沿海国的领海基线起向外延伸不得超过 200 海里即为该沿海国的专属经济区。因为其事关沿海国的根本经济利益。专属经济区是《公约》中最重要的部分之一，占据《公约》的第五章的篇幅，《公约》的第 56 条规定，沿海国在其自己的专属经济区内，享有对专属经济区以勘探开发、养护和管理海床上覆水域和海床及其底土的自然资源（包括生物或非生物资源）为目的的主权权利。可见专属经济区当中的经济权利对于沿海国来说是一种绝对权也是对世权。

追溯专属经济区产生的渊源，不得不提到上文中讲到的 1945 年美国总统杜鲁门发表的《杜鲁门公告》，其宣布美国政府对于大陆架底土自然资源拥有所有权，因此招来其他拉美国家的新主张。鉴于大部分新型的拉美国家譬如智利、秘鲁等国受地理位置影响，其国家陆地和大陆架都属于狭长地带，不够宽阔，对美国提出的大陆架资源主张难以实现，因此这些国家为主张自己的海权和渔业资源及底土资源能够得以开发开始谋求自新。1947 年，智利政府当局声明，其主张专属经济区的权利，并且主张范围为领海基线向外延伸 200 海里。1972 年，肯尼亚向联合国海底委员会提交了"关于专属经济区概念的条款草案"，1972 年 6 月，众多拉丁美洲国家于多米尼加共和国召开会议，会议内容主要涉及"沿海国家对邻接领海的称为承袭海的区域内水域、海床和底土中再生和非再生的自然资源拥有主权的权利，其范围不超过

200海里。"此次会议过后发表声明《圣多明各宣言》,为后来联合国海洋立法第三次会议专属经济区的提出奠定了基础。上述事件表明,美国及其他亚非拉国家均提出了自己对于海洋权益的主张,自二战以来,海洋新格局逐渐形成。1973年12月,第三次联合国海洋立法会议召开,《公约》正式确立了专属经济区对沿海国和非沿海国不同适用的内容,其中对沿海国的权利有:(1)沿海国对其海床上覆水域和海床及其底土的自然资源(不论生物或非生物)均享有以勘探、开发、养护和管理为目的的主权权利;(2)沿海国对专属经济区的人工岛屿建设、海洋科学研究、海洋环境问题的保护和保全均有管辖权;(3)沿海国对自己专属经济区内生物资源拥有确定可捕量的权利。而对非沿海国的权利则有:在专属经济区内,所有国家(包括沿海国和其他内陆等国)均对专属经济区拥有航行和飞跃的自由,铺设海底电缆和管道的自由。经过近30年的磋商与谈判,《公约》终于确立了一个符合大部分发展中国家和发达国家的海洋发展利益的新秩序。在这场盛大的专属经济区确立过程中,中国在其中也扮演了重要的角色,多次强调了我国对于专属经济区不享有公海职能的意见,对专属经济区制度的确立具有促进意义。我国于1998年颁布了《专属经济区和大陆架法》。该法对于我国专属经济区的范围与周边国家的划界原则和权利内容都做了详细规定。

专属经济区在国际地位和学术界中依然存在主要争论,其性质到底是不是"公海",多年来一直存在争论。根据上海社会科学院海洋法研究中心金永明先生文献中介绍,在学术界中共有三种主要观点对专属经济区进行定性和识别。观点一认为,专属经济区对于沿海国来说依旧享有完全的主权,即属于沿海国完全管辖,属于领海性质。该观点今天被称为"国家领域说",主要代表国有阿根廷、秘鲁、智利、巴西等国。观点二则认为,专属经济区属于公海性质,有学者认为专属经济区属于公海中的功能区,主要代表国家有日本与苏联。观点三认为,专属经济区既不属于公海也不属于沿海国完全主权的领海,而其属于一片特别的具有经济利益的海域。代表国家为肯尼亚,即"经济水域说"。在联合国海洋立法的第三次会议中,《公约》对于专属经济区的性质认定采用了第三种观点,沿海国对于其领海拥有绝对权,以及仅受船舶无害通过权的限制,而专属经济区对于沿海国来说仅享有非生物和生物资源的开发权利。中国在恢复了联合国成员国的合法席位后,多次在会议中表示同意对于专属经济区是一片特别的海域性质的观点。其中在我国国内立法《专属经济区和大陆架法》第十一条对其他国家在我国专属经济区的权利与义务做了如下规定:(1)任何国家在遵守国际法和我国的法律、法规的前提下,在我国的专属经济区享有航行、飞越的自由,在我国的专属经济区和大陆架享有铺设电缆和管道的自由,以及上述自由有关的其他合法使用海洋的便利。铺设海底电缆和管道的路线,必须经我国主管机关同意。(2)任何国际组织、外国的组织或者个人进入我国的专属经济区从事渔业活动,必须经我国主管机关批准,并遵守我国的法律、法规及我国与有关国家签订的条约、协定。(3)任何国际组织、外国的组织或者个人对我国的专属经济区和大陆架的自然资源勘查、开发活动或者在我国的大陆架上为任何目的进行钻探,必须经我国主管机关批准,并遵守我国的法律、法规。可见,我国对于专属经济区海域的权利与义务问题对其他国家做了详尽规定。专属经济区不属于公海自由区域,也不属于领海绝对权利区域,而属于一片特殊海域,只有对其做出详尽规定,才能够更好维护我国专属经济区的合法权益。

如果说专属经济区是《公约》中具有争议的,那么接下来要介绍的大陆架则是历时讨论最久的,其划分界限问题依旧是《公约》至今难以解决的问题。

大陆架,一般被人称为大陆浅滩,也指被海水所覆盖着的大陆,是经过多年的地质演变,海平面上升所掩盖的大陆。其被《公约》规定在第六部分。《公约》第76条规定,"沿海国的大陆架包括其领海以外依其陆地领土的全部自然延伸,扩展到大陆边外缘的海底区域的海床和底土,如果从测算领海宽度的基线量起到大陆边的外缘的距离不到二百海里,则扩展到二百海里的距离。"但实际上,有许多沿海国的大陆架属于较宽的区域,那么这种情况应该如何处理?《公约》的第76条第5款规定,如果一国的大陆架大于200海里时,应当根据大陆架在海床上的外部界线的各定点,不应超过从测算领海宽度的基线量起350海里。可以看出,这两款规定在一定程度上既维护了窄大陆架国家的海权,又维护了自身大陆架延伸范围宽的国家的权益,属于一个折中的条款(图6-3)。

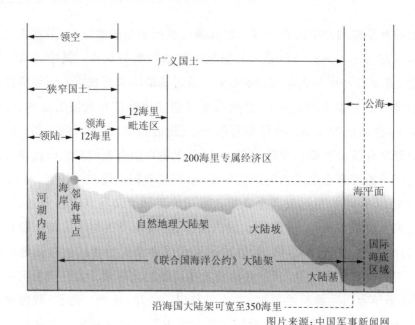

图片来源：中国军事新闻网

图 6-3 专属经济区示意图

　　大陆架定义的产生渊源，要追溯到上文多次提及的美国总统杜鲁门在 1945 年发表的总统声明，美国对其海底底土和海床自然资源的主张促使多国注重起自己的海床利益并纷纷效仿。1958 年，第一次联合国海洋立法会议召开，在当时就已经通过了一部《大陆架公约》，但当时对大陆架做出的界限划分不够清楚，定义不够精确，导致大陆架宽窄不一的沿海国之间争议不断。观点一认为，大陆架应当是沿海国陆地领土向海面的自然延伸，沿海国对大陆架的海床及底土的资源享有主权权利，也具有对大陆架的整体管辖权，该观点的主要代表国家为亚洲国家和部分非洲国家；而观点二则认为，既然已经要设立专属经济区，则大陆架的概念应当被吸收，超过 200 海里外的大陆架的资源应当由国际管理局进行管辖，这项观点则是由大陆架本身较为窄的国家或是内陆国提出的。这些国家持不同观点的背后实则是为了各自的经济利益，大陆架中蕴含着丰富的海洋资源和矿产资源，因此对于每一个国家来说都存在着不可退让的利益。关于大陆架的争议也是促使联合国海洋立法第三次会议召开的原因之一，1975 年，来自挪威的埃文森法官在联合国海洋立法第三次会议的第三期会议中提出，一个沿海国的大陆架应当为其陆地领土的自然延伸部分直至其大陆边的外部界限（若该国的大陆延伸不到 200 海里，则按 200 海里计算其大陆架领域）。这一观点得到了自身大陆架宽阔的国家的广泛支持。我国作为大陆架较宽的国家，自 1971 年恢复了联合国成员国的席位后，一直在海洋立法会议中主张大陆架是沿海国陆地自然延伸的概念。1982 年《公约》通过后，我国的一贯主张也得以彰显。

（三）大陆架划界问题

当两沿海国互处在对方的对岸处时，则可能面临着大陆架重叠的问题。如何解决大陆架的划分问题成为联合国海洋立法第三次会议上难以解决的重大问题。同样，在该问题上又分为两大阵营。观点一认为，在大陆架重叠问题上，应当根据"中间线"原则（即等距离原则）来进行划分；观点二则考虑到不同国家的陆地领土自然延伸的问题，在大陆架划界问题上主张采用"公平原则"。金永明先生在专著《中国海洋法理论研究》一书中提到，尽管早期的《大陆架公约》中没有明确提到"公平原则"这一概念，但其第 6 条第 1 款的根据特殊情况另定界线的规定，就包括了其适用公平原则的主要内容。"公平原则"的具体表现和采用可以引申到 1969 年由国际法院判决的著名案例"北海大陆架划界案（North Sea Continental Shelf Cases）"，当时由联邦德国、荷兰、丹麦三国在地理位置上为北海上相邻的三个国家，尽管三国之间互相签订了一些边界条约如《德荷条约》《德丹条约》，但却没有对大陆架的划分签订协议，因此产生了重大分歧，联邦德国认为丹麦和荷兰将北海的大陆架进行等距离划分对其非常不利，联邦德国只能够获得北海海床的不到 5%。于是 1967 年联邦德国和丹麦及荷兰将争端诉至国际法院，国际法院在最终判决中表示不同意联邦德国的要求把大陆架平分等份的观点，而是表明大陆架是沿海国陆地领土自然延伸的这一性质，同时也不接受丹麦和荷兰在大陆架划分上的主张。这一案件表明了国际法院对于大陆架划界问题的立场，即大陆架的划界应当严格依照陆地自然延伸的这一特点来进行划分。如果一个海底区域不是一国的陆地领土自然延伸，即使该国离该大陆架距离再近也无法将该大陆架划分给该国。因为自然延伸这一原则是决定大陆架的根本性质，而"公平原则"应当建立在这一根本性质之上。

纵观今天的国际社会,许多国家为了争夺大陆架的底土资源可谓是无所不用其极,我国作为世界上大陆架较宽的国家之一,不仅在南海拥有广阔的大陆架,还在东海、黄海等海域拥有自然延伸的大陆架,而处在这些海域相对岸的则是不同的国家,部分国家为了争夺大陆架丰富的海底资源,往往忽视了联合国国际法院主张的"公平原则",也将《公约》原则抛诸脑后。对此,我国必须坚持捍卫我国的每一项合法海洋权益,为成为海洋强国铺好每一步路。

(四)《公约》创设的争端解决制度

《公约》为解决争端设立了一个特别法院以此作为解决纠纷和争端的机构。国际海洋法庭(International Tribunal for the Law of the Sea),其成立于1994年,总部设于德国汉堡,法庭主要有21名资深法官组成,《公约》中的每个缔约国可以提出不得多于2位法官候选人,最终进行法官投票,最多票者即当选法庭法官。根据《公约》的规定,国际海洋法庭的诉讼当事人为《公约》的所有缔约国成员,或是管理局和作为勘探和开发海底矿物资源合同人的自然人或法人。

根据《公约》来看,法庭的管辖权主要遍布在下列类型的案件中:(1)国家在各个海域(包括海床、底土、水体等)内发生的海权纠纷而引起的争端;(2)与《公约》有关的条文解释或适用过程中发生的争端;(3)国际海底开发争端或船舶扣押争端。尽管《公约》和法庭经历了半个世纪的实践,存在些许问题,但不能否认的是联合国海洋法庭的出现,使得海洋问题的解决能够从更专业的角度去审理,同时在海洋问题纷繁复杂的今天,海洋法庭也为构建海洋新秩序添砖加瓦。

要特别提到的是,国际海洋法庭与2015年菲律宾向荷兰海牙常设仲裁法院提交的"南海仲裁"解决机制是两个不同的概念,要加以区分。仲裁程序一般指的是当事双方自愿选择仲裁解决纠纷,才可称之为仲裁程序,而在"南海仲裁"案中,菲律宾当局没有经过我国的同意,擅自将案件提交至海牙常设仲裁法院仲裁,可谓是无用之举,无论是从法律原则层面还是作为《公约》缔约国,菲律宾这样的行为事实上都违背了《公约》的原则,是不会得到我国的承认的。

三、无害通过制度

领海制度中有一项重要的关于船舶无害通过的制度,规定于《公约》第二部分的第三节。《公约》第 17 条:所有国家,不论为沿海国或内陆国,其船舶均享有无害通过领海的权利。《公约》中还强调,各国船舶在穿越沿海国的领海时应当连续不停和迅速通过,指明各国的船舶不得在沿海国的领海上进行任何活动,这样的行为才能被称之为"无害"。这项制度为越来越繁荣的海上贸易提供了维护作用。

英国法学家布莱尔利曾说过,"无害通过"事实上指的是一项"通过权",而且在通过的过程中必须是"无害的",通过他国领海的船舶应当遵守当地法律,不得有其他行为。领海是沿海国拥有完全主权的海域,但其不等同于内水,内水要求不允许任何国家的任何船只未经允许进入,而领海这片海域则给予了其他国家相对的通过权。《公约》在这相对的通过权中做了一些限制,比如通过的船舶不允许在沿海国的领海海域进行军事演习,搜集沿海国的情报,对沿海国的主权或领土完整等进行武力威胁,任何捕鱼活动等。

沿海国自身也同样被《公约》赋予了部分权利,旨在维护其领海海域及保障其重大的海洋权益。如沿海国可以通过颁布法律、规章、行政法规等行为应用司法管辖权保障其海洋权益。沿海国可在养护海洋生物资源、环境卫生、控制污染排放、保护电缆和管道、航行安全及海上交通管理、海洋科学研究和水文测量方面做出详尽立法,限制他国在沿海国的无害通过权。同时在过境通行时,沿海国也可对过境的船只实行分道通航制度,即沿海国可在其领海指挥过境的船只走由沿海国专门指定的航道,以维护沿海国的航行安全。

与权利相对应的则是《公约》对沿海国规定的义务。在外国船舶过境时沿海国不应当对其阻碍是沿海国最重要的义务之一。并且沿海国不得对通过的外国船舶在收费中有不同的征收标准和任何歧视问题,必须维持统一的标准和态度。沿海国还应当对自己国家的海域中存在的过境通行的危险状况加以公布,以免造成不必要的人员伤亡。

在无害通过制度中,存在一项富有争议的内容。商船作为无害通过船舶的对象毫无争议,而无害通过的船舶中是否包括军舰这一点一直存在旁议。《公约》第 29 条对军舰做了详细定义,同时在第 30 条中规定"如果任何军舰不遵守沿海国关于通过领海的法律和规章,而且不顾沿海国向其提出遵守法律和规章的任何要求,沿海国可要求该军舰立即离开领海。"我们可以看到,《公约》的立场是默认军舰可作为无害通过的船舶驶在沿海国的领海海域上的。这一点无疑对于领海面积宽广的我国来说无疑是不利的。

我国作为海域面积辽阔的沿海国,且海域面积复杂,不仅面对着东海问题还有南海问题。近代以来我国海防的大门失守,被西方列强炮轰打开国门、掠夺资产、主权遭到侵犯的过去,使中国政府痛定思痛,并在多次在海洋立法会议中阐明我国的立场,即一国的军舰想要无害通过我国的领海,必须征得我国的事前同意。1958年4月,全国人大常委会通过《中华人民共和国政府关于领海问题的声明》其中阐述到一切外国飞机和军用船舶,未经我国政府许可,一律不得进入中国的领海和领海上空。1973年,在上文多次提到过的联合国第三次海洋立法会议上,中国政府重申军舰与商船在性质上不同,反对军舰有无害通过领海的权利。此后,1983年《海上交通安全法》、1992年颁布的《中国领海与毗连区法》都规定了外国军舰未经中国政府许可一律不得驶入中国的领海海域。不仅在立法方面,我国保持了军舰无害通过制度的反对,同时还在1996年加入《公约》时做出了条约保留的声明:"我国在军舰无害通过方面做出保留,军舰在经过一国领海时应当在通过前必须征得沿海国政府的同意。"我们知道在国际法当中,一国在加入一个国际条约或公约时可做出不违反条约宗旨的保留,条约保留是国家主权的一部分,任何国家不得干涉,且继续参与条约依然有效。

事实上,美国在二战以前也反对军舰无害通过的自由。但自从二战后,美国作为布雷顿森林体系的主导大国,其在经济上稳居世界榜首,同时军事实力与日俱增,对于大西洋海域的巡逻已不能够满足其军事需要。因而里根总统主张的"航行自由计划"则是旨在将本国的军舰开往世界各国领海,这本身在行为上违反了《公约》的基本原则。

第三节　我国海洋立法现状与不足

一、我国海洋立法现状

1971年10月恢复联合国合法席位以来,我国一直是《公约》最坚定的维持者和拥护者。我国坚持以《公约》精神与原则立法。新中国成立至今，尽管我国尚未颁布规范我国海洋法律的基本法，但也制定了众多的海洋单行法，构筑了我国海洋法的法律体系。这些法律在维护我国自身海洋权益过程中发挥着巨大作用。

当前我国有关海洋的法律法规主要有《中国政府关于领海的声明》《中国领海及毗连区法》《中国政府关于中国领海基线的声明》《中国专属经济区和大陆架法》《中国海洋环境保护法》《中国海上交通安全法》《中国渔业法》《中国矿产资源法》《中国测绘法》《中国海域使用管理法》《中国海岛保护法》《中国关于岛及其附属岛屿领海基线的声明》《中华人民共和国深海海底区域资源勘探开发法》。

1958 年，联合国在瑞士日内瓦举行了第一次海洋会议，该会议经过 62 天的磋商与讨论最终确定了《领海与毗连区公约》。这为我国在同年全国人大常务委员会第一次会议通过的《中国政府关于领海的声明》一定程度上提供了法律依据。第二次世界大战结束，世界各国开始意识到海洋的重要性并纷纷争夺自己的海权，加速了我国领海声明的产生。但此后的几十年间，我国仅仅作了关于领海的声明，并未对我国领海的基线和基点问题做正式立法，导致后来与我国有领海争议的国家纷纷主张自己的领海，没有配套立法的现状对我国海洋权益十分不利。

经过 1982 年联合国第三次海洋法会议对于领海基线的直线方法做了肯定后，到了 1992 年 2 月 25 日，我国才正式颁布《中国领海及毗连区法》。该法于我国第七届全国人大常务委员会第 24 次会议通过。这部国家基本法确立了我国领海和毗连区的范围，规定了领海和毗连区的性质，并正式立法确立采用直线基线法划定我国的领海基线。同时针对航行制度，《领海及毗连区法》还做了详细的规定：针对外国非军用船舶，在我国领海享有无害通过的权利；而外国军用船舶进入中国领海时，则需要经过我国政府批准；并且外国船舶在我国领海和毗连区范围内违法时，我国可对船舶行使紧追权。

《专属经济区和大陆架法》于 1998 年第九届全国人大第三次会议通过并颁布施行。该法规定了我国专属经济区的范围，为我国领海以外并邻接领海的区域，从测算领海宽度的基线量起延至 200 海里。同时规定了我国在专属经济区的专属权利和其他国家在我国专属经济区的权利与义务。对此我国先后对海底资源的勘探与开发等颁布了《矿产资源法》《渔业法》系列相关法律,为我国海洋资源保护和专属经济区管辖权带来了积极作用。但是我国除了在该法中对专属经济区和大陆架进行了立法,其他行政法规或部门规章中对此内容的规定篇幅甚少。专属经济区和大陆架的配套性新法规如深海海底资源开发、海底能源勘探、军事争议等相关内容更是少之又少。

在海洋强国战略与提升我国海洋权益方面,《海洋基本法》的起草,海警局的组建及其在争议海域的常态化巡航,以及《中华人民共和国政府关于领土主权和海洋权益的南海声明》,使我国在南海权益与南海领土主权完整问题方面有了法律依据。

二、我国海洋立法存在的不足

1. 纲领性内容多,实际可操作性不强

我国长期形成的经济发展思路是以陆地经济为主,因此对海洋权益重视程度比其他海洋国家起步晚,发展缓慢。我国大多海洋立法都借鉴于其他海洋国家,但是对于自身存在的问题没有很好地立法与完善,对于自身海洋问题缺乏研究。在《专属经济区与大陆架法》中,我国对专属经济区域范围进行了声明,但针对他国违法侵犯或划界争议问题如何解决却没有明确。没有对配套实施行动的法律法规进行规定,导致今天"南海问题""东海问题"悬而未决。其他国家对我国的海岸权益、深海矿产资源虎视眈眈。随着世界经济重心向亚太地区转移,我国与其他周边国家有部分海域重叠,海域划界争议、资源的开发争议和岛屿主权归属的问题,引发系列国际政治纠纷。因此我国制定海洋基本法的时机完全成熟。立法理念的模糊和配套措施的缺乏,使得我国《专属经济区与大陆架法》对于如何维护我国海洋权益和如何对待权益被侵犯的解决问题没有做出回应。21世纪是海洋世纪,在立法理念中没有树立完善的海权意识,国家的海洋观、陆海统筹战略更是难以达成。

2. 缺乏上位法作为依据

我国《宪法》作为我国的根本大法、上位法,其中尚未规定海洋法立法性的指引,因此海洋法的基本法缺少了上位法的依据。而在其他部门法中,第一条多为:"依据宪法,制定本法"。这些部门法在立法的过程中,有宪法上位

法作为立法依据。而纵观我国宪法全文与几次修宪中,于海洋权益的内容微乎其微。仅有 1978 年《宪法》第 6 条:"矿藏,水流,国有的森林、荒地和其他海陆资源,都属于全民所有"被后来的 1982 年《宪法》第 9 条"矿藏、水流、深林、山岭、草原、荒地、滩涂等自然资源……"所代替。海洋权益内容在我国宪法中至今未作规定。我国海洋基本法立法依旧缺乏上位法依据。

3. 海上执法队伍的建设不够完善

2013 年 3 月全国人大通过《国务院机构改革和职能转变方案》,这一方案解决了在此之前 5 支队伍在海上"各司其职"的现象。公安边防海警、中国渔政、中国海监、中国海事和海上缉私这 5 支海上执法队伍曾经职能重叠,权责不明确,执法过程中容易出现互相推诿现象。经改革后,几只队伍将以中国海警名义执行海上执法任务,达到了人员资源的优化配置,对我国海洋权益维护与海洋争端问题的解决起到重要作用。

但由于我国海警整合前期准备调研工作不够充分,几支队伍的整合没有真正分清职责权限,内部权限依然存在模糊现象。且海事局并没有加入至整合队伍中,因此海事局与海警依然存在职责重叠现象。

中国海警局人员身份存在争议,根据改革方案来看,海警局仅属于中国海洋局,并接受公安部的领导。"中国海警局不是一个新设部门。"中编办副主任王峰在 2013 年 3 月 11 日回答日本记者提问时指出。直到 2018 年《中央和国家机构改革方案》的颁布,海警队伍整体规划归为中国人民武装警察部队指导,至此海警人员身份隶属问题才得以解决。

我国海洋立法发展起步缓慢,配套的法执行法律相对较少。海上执法队伍机构改革刚刚完成,我国执法队伍的建设仍有很长的路要走。

第四节　国际海洋立法现状、特点与启示
——以"英国"为例

21 世纪以来,陆地能源的枯竭迫使许多国家将能源开采转至深海,海洋资源开采技术也迅速发展,促使陆地经济逐渐向海洋经济进行转型。世界诸

多海洋国家纷纷主张自己的海洋权益。国家海洋基本法对于国家树立新的海洋观,增强海洋实力,维护自身海洋权益和陆海统筹战略发展等具有重要作用。英国颁布了《英国海洋法》(2009 年),加拿大颁布了《海洋法》(1996年)《加拿大海洋战略》(2002 年);美国颁布了《海洋法案》(2000 年)《美国海洋行动计划》(2004 年);韩国颁布了《21 世纪海洋》(2000 年)《韩国海洋宪章》(2005 年);日本颁布了《海洋基本法》(2007 年)。尽管我国作为海洋大国,拥有 300 万平方千米的海洋面积,但海洋法律的立法水平相较发达国家依然存在滞后性与被动性,离海洋强国仍拥有一定的距离。而英国、加拿大等作为海洋强国,对于海洋立法拥有完善的立法体系和丰富经验。

一、英国海洋法立法现状

430 年前,日不落帝国英国打败了西班牙无敌舰队。工业革命的到来,让英国的殖民地遍布世界,英国海外殖民业务迅速膨胀。18 世纪成立的"劳埃德船社",让英国的航运业务立于世界前列。英吉利海峡将英国和欧洲分离,四面环海独立的岛国地理位置,让海洋产业支撑了英国的发展。海洋产业的成熟、新航路开辟带来的殖民利益,迅速让英国跻身大国行列。传统的海运运输产业支撑着英国经济的发展长达四个世纪。20 世纪 60～70 年代,二战经济体系发生变化,产业结构发生改革。英国主导产业由传统海运运输产业转型至海洋油气产业,成为英国经济生产总值的重要部分,也为本国居民提供了众多的工作岗位。在经济主导产业转型的同时,英国也十分重视海洋资源的合理开发与海洋环境的保护。《英国海洋法案白皮书》于 2007 年颁布,《海洋及沿近海使用管理法》于 2008 年颁布,被称为英国海洋法宪法的英国海洋基本法《海洋与海岸带准入法》(Marine and Coastal Access Act 2009)于2009 年经英国女王批准正式颁布。该法在很大程度上对英国的海洋环境保护以及可持续利用海洋资源和整治近海地带做出了巨大贡献,并且对于海洋渔业、海洋开发、海洋生物多样性等内容都做了详尽的规定。英国前首相布朗先生更是评价该法为:"一部历史性的,具有重大突破的法律。"由于英国具有地区独立性,在各区(英格兰、苏格兰、威尔士)拥有自己的法律,《苏格兰海洋法》于 2010 年颁布,《威尔士海域使用规划》于 2007 年颁布,不同地区针对不同地区的海洋职能,做出了不同立法,做到了对海洋科学规划及对资源的合理开发。

英国《海洋与海岸带准入法》共包含 11 个部分,总共 325 条。主要有:(1)海洋管理组织;(2)专属经济区、其他海洋区域与威尔士渔业区域;(3)海洋规划;(4)海洋许可证;(5)海洋自然保护;(6)近海渔业管理;(7)其他海洋渔业实务与管理;(8)海洋执法;(9)海岸休闲与娱乐;(10)其他;(11)补充条款。在该法的开篇部分中,就对关于英国的海洋管理组织的设立、职能等内容作了明确的规定。行政职能体系的明确对于海洋治理和维护来说,无疑是权责明确的体现,可以从一定程度上避免过多的职能部门干涉海洋治理,也避免了权责不分明导致的互相推诿现象。优化了职能资源的合理配置,也提高了执法效率。

在该法的第三个部分中,主要对海洋规划、规范海洋活动。海洋规划体系做了详细规定。在这个部分中,主要分为制定海洋政策、海洋规划两个阶段。英国海洋区域主要分为 11 个海洋规划区域,每个不同的海洋规划区域的规划整治时间为 20 年,其中每 3 年进行中期检查一次。在英国海洋管理组织和国务大臣主要负责其 200 海里以内的海域和 200 海里以外大陆架区域范围内的海洋规划。

该法第六个部分中,对"海洋自然保护区"做出了规定。在制定本部分的过程中,当局详细咨询了公众,公开向社会咨询建立保护区的提案变成了立法的前置程序。公众参与立法也是《海洋与海岸带准入法》的一个亮点。透明的立法程序、公众参与法律制定的决策,让海洋立法凸显积极作用。听取居住在海洋立法保护区周边的居民的多重意见能够更好地促进本法的执行,符合公众意见的立法期待,有助于提高法律的科学性。

二、英国海洋法立法特点

从《海洋与海岸准入带法》的主要内容不难看出,该法在职能部门整合上,重视执法部门的科学性和统一性,避免了部门职责不清现象,系统且唯一的综合执法部门对法律内容的执行有更直接和系统的解释。同时对于海洋海域的规划与发展,也体现了本法将英国海洋区域综合治理作为一项长期作业。

以 20 年为周期的规划整治时间,不仅将环境治理和海洋开发做到可持续发展,更是把资源开发和海岸带保护工作做到同时并重。同时将公众对立法做出的意见纳入参考,也使英国海洋法走入了新的里程碑。

1. 公众参与,立法透明化

立法者在立法方面有着丰厚的学术背景、灵活的理论能力,对世界各国海洋法也有颇丰的了解,对于全球海洋局势也颇有研究,但如果忽略了受法律管理的被管理者——公众所提出的意见,该法律便脱离了现实本身。近几十年来,海洋渔业、海上运输业蓬勃发展。海洋资源的利用与开发、深海矿藏资源的勘探,不仅关乎国家与政府之间的战略发展,更关乎大众的利益。单纯认为海洋权益是国家与政府层面的问题,不免导致人与海洋和谐共处的局面遭到忽视。英国在其《海洋与海岸带准入法》中将公众参与意见纳入立法考虑,对公众提出的质疑做了解释,在立法前进行的详尽调研,使法律不再局限于纲领化。成熟的配套法律与广纳吸收的群众合理意见,加上立法者严谨的立法技术,使英国《海洋与海岸带准入法》独具特色。

2. 注重海洋生态保护与可持续发展

海洋产业一直是英国的主导产业。《海洋与海岸带准入法》中内容规定了如建立海洋自然保护区、海岸开发管理、渔业管理、海洋许可证等内容。这些内容体现出英国在对海洋资源的利用,维护自己的海洋权益和合理规划海上执法队伍上都注入了心血。在面对世界海洋国家的陆地经济向海洋经济的转型上,作为四面环海的岛国,其海洋资源的合理开发和利用成为立法者需要考虑的课题。在面对资源日趋匮乏的今天,曾经的日不落帝国依然用自己的立法对自己国家海岸线的海洋生态进行全力的保护。

三、英国海洋法对中国海洋立法的启示

1. 增加公众参与海洋立法过程,提高公众海洋意识

在公众参与英国《海洋与海岸带准入法》立法的过程中,增进了对海洋开发的合理性探析。在对海洋治理和维护的问题上,公众作为使用资源的一员,对待海洋资源的开发和保护有着自己的见解。正是因为这些宝贵的公众见地,加强了国民的海洋观。我国在党的十八大上,提出了"海洋强国"。建

设海洋强国旨在维护我国的海洋权益,切实加强我国用海护海的能力。无论是在资源的合理利用与开发的过程中,还是海洋立法的过程中,我国都在公众参与海洋立法这块存在很大的空白。没有坚定的海洋观和坚定的法律意识形态,我国民众对待海洋权益容易出现事不关己的表现。

我国政府部门应当对国民海洋观的塑造给予关注,在海洋相关的配套基础设施中大力给予财政支持。尤其在沿海地区和省份,增加各类海洋博物馆、增加图书馆中的海洋书目,组织各企事业单位观看海洋维权宣讲栏目,增强公众的海洋意识。

在中小学教材中,加入海洋权益与教育的相关内容。普及我国海洋知识读本,以绘本或卡通视频呈现中小学生喜闻乐见的模式,提升有关海洋权益的综合素质。增加海洋类的课堂实践课程,如从探索海水的成分、沙滩的特色着手,树立成熟的海洋观教学体系,完善海洋教学的教学大纲,拓展海洋知识的同时,加强我国的海防观念,树立国防意识,增强学生维护我国海洋权益的意识,教导学生学海洋、爱海洋、保护海洋、敬畏海洋。"海洋强国"观的建设需从教育着手,从中小学着手,在教育理念上增强学生的海洋观,以科学式教学代替灌输式教育。

2. 我国海洋基本法立法亟待促成

英国海洋立法历经了近300年的过程,从殖民地扩张时期,到今天世界经济转型,其海洋立法过程一直在探索中进行。我国海洋权益意识产生较晚,立法过程缓慢。我们一直在海洋方面处于被动立法,在世界打响"海洋权益之争"之仗,"南海问题""东海问题"箭在弦上的今天,我国的海洋基本法立法迫在眉睫。

在我国与主要周边陆地国家划界逐渐清晰后,随着经济全球化发展,我国由陆地经济转向海洋经济。经济的转型促进了海洋科技力量的发展。我国海洋界限复杂,与多国存在海域重叠,划界工作的展开非常困难,从而引发了更多的海洋问题。南海海域面积约为350万平方千米,其中中国领海总面积占约210万平方千米,中国九段线内的海域均属中国领海。南海问题与东海问题争端多年来一直是非常复杂的问题,自十九大以来,习近平总书记多次在会议中强调到要加快建设海洋强国,加大海洋保护力度。我国面对当前如此复杂的南海局势可谓是步履维艰。从实践中来看,我国在海洋方面的立法依旧不够完善,如今我国关于海洋的法律共有 8 部,《中华人民共和国领海及毗连区法》《中华人民共和国专属经济区和大陆架法》《中华人民共和国海上交通安全法》《中华人民共和国海商法》《中华人民共和国港口法》《中华人民共和国海洋环境保护法》《中华人民共和国海域使用管理法》《中华人民共和国渔业法》,却没有一个相对独立的关于海洋的法律部门,这对今后我国在海洋强国的战略建设方面是一个阻碍。我国著名海商法专家司玉琢教授多次表示我国立法机关应当出台独立的海洋专门法。而早年宣布的领海基线只有钓鱼岛及其附属岛屿,大部分的领海基线没有宣布,实则不利于维护我国海洋领土。

辽宁、海南、山东、福建、广东、上海等地都制定了地方海域管理条例,这些行政管理条例在一定程度上促进了海洋法律制度的发展和完善。以海南省为例,澄迈县制定的《澄迈县海域使用管理实施办法》和文昌市早年制定的《文昌县海岸带和浅海海域管理办法》均在海域使用的许可制度方面做了详尽规定,为基本法的制定提供了有力的参考依据。

新中国成立以来,我国颁布的涉海相关法律法律法规、部门规章和条例有上百部,我国的海洋法体系初具格局。但不得不承认,纵观全球海洋强国维护海洋权益的立法内容,我国海洋立法依然存在巨大问题。海洋立法陈旧,如《海上交通安全法》自 1983 年第 6 届全国人民代表大会常务委员会第二次会议通过后施行,直至 2016 年 11 月 7 日才对一些条款进行修改,时隔 23 年的修改,也没有及时地反映出世界海洋格局的变化,对于现存的一些海上交通安全问题,没有及时立法修订,操作性不强,立法存在滞后性。

在推行陆海统筹建设和海洋强国建设的同时,配套的法律法规和执行措施缺一不可。早日将"海洋法入宪"提上议程,让海洋基本法具备法律渊源,具备上位法作为依据,让我国海洋强国建设提供坚实的法治保障。不再让海洋法陷入上无法律的尴尬境地。

英国《海洋与海岸带准入法》的出台给英国维护自身海洋权益带来里程碑式的意义,无论是海洋资源合理开发和保海洋环境保护、海洋行政管理体系。该法都详尽的做出了规定。以维护海洋为立法理念,以合理规划海洋为立法核心,该法为英国的下一步海洋发展策略打下了坚实的基础。中国作为名副其实的海洋大国,针对十八大、十九大提出的海洋强国战略,依然需要在立法过程中探索前进,在适合我国海情发展道路的立法理念中做多重研究与可行性分析。

　　加快建设海洋强国的目标一直深藏在各位涉海人士的心中,海洋强国建设不仅是维护我国的海洋权益,更是中国特色社会主义的一项伟大事业。海洋强国而非海洋"霸国",维护好我国自身固有的领土是每一位中华儿女的义务。在海洋建设方面应当与时俱进,适应新时代的要求,加强陆海统筹的建设,增强海洋经济,加强与东盟间的国际交流与合作,继续推 进"21世纪海上丝绸之路"的发展,在互不侵犯主权和领土完整的原则下,实现沿海各国间的互惠互利和共赢,中国不仅要做海洋大国,还要做海洋强国,走向深蓝,我们义不容辞。

思考与练习

　　1. 简述我国海洋立法存在的问题与不足。

　　2. 如何看待南海仲裁案?

第七章

海洋灾害对经济的影响

第一节　海洋灾害与经济学研究的关系

一、海洋灾害与经济增长的关系

海洋灾害指沿海地区常见的自然灾害,对受灾地区的经济发展影响巨大。要研究海洋灾害与经济增长的关系,可以从自然灾害与经济增长的关系研究中得到一些启示。

因为"自然灾害损害经济发展"几乎已成为大多数人的思维定式,不少学者抱着怀疑的态度展开了更加深入的调查。之后,学术界出现了很多关于自然灾害与经济增长关系的研究。有的认为自然灾害可以促进经济增长,有的认为自然灾害会损害经济增长。对于海洋灾害而言,对经济增长也是促进、阻碍的作用兼而有之。

(一)海洋灾害对经济增长的促进作用

"灾害能促进经济正增长"这一结论与创新理论的鼻祖熊彼特提出的"创造性破坏"理论关系密切。熊彼特是长期执教哈佛大学的美籍奥地利经济学家,他在 1912 年的《经济发展理论》著作中,对"创新"及其在经济发展中的作用进行了详细论述,对西方经济学界影响巨大,这也构成了经济周期理论的基础。熊彼特认为,每一次大规模的创新都淘汰旧的技术和生产体系,并建立起新的生产体系。经济创新不断地从内部破坏旧结构,创造新结构。因而有"创造性破坏"之说。这在西方经济学界的影响极大。

　　基于这种学术思想,海洋自然灾害确实可以刺激经济增长。因为海洋灾害破坏了沿海地区的原有的技术和生产体系,产生了新的投资需求,更新了资本结构,新一轮的经济增长会更有活力。例如,一些老旧的海堤被风暴潮等海洋灾害毁坏之后,经过重新设计的更加坚固的海堤会建立起来,这笔基础设施的投资会拉动当地的经济发展。

(二)海洋灾害对经济增长的阻碍作用

　　但是,"灾害会阻碍经济增长"的观点受到大多数学者的赞同。Noy(2009)在针对许多发展中国家的研究中发现,自然灾害使发展中国家的产出平均下降9个百分点。Fomby（2011)等用84个国家1960—2007年的面板数据检验了干旱、水灾、地震和风暴对经济增长的影响,得出了几个主要结论:

　　(1)自然灾害对发展中国家的影响强于对发达国家的影响。

　　(2)干旱通常导致负影响,水灾常导致正影响,地震和风暴的长期影响不显著。

　　(3)一些中等强度的灾害可能有利于刺激增长,但严重灾害永远不会。

　　我国对自然灾害与经济增长关系的实证研究较少,徐怀礼2007年的博士论文《灾害经济学研究》与邹小红2009年的硕士论文《自然灾害对我国经济增长的影响研究》分别使用基于哈罗德—多马经济增长模型的方法计算了我国自然灾害对经济增长的影响,发现发生自然灾害时的经济增长率会低于无灾时的经济增长率。朱靖、黄寰根据国家统计局1985—2010年省级面板数据进行研究,发现成灾率(严重灾害)比受灾率(中等灾害)对经济增长的阻碍作用更大。在具体分析水旱灾害对一、二、三产业经济增长的影响时发现,水灾受灾率对第二产业增长率的影响显著为正,说明灾后重建被破坏的建筑和基础设施等刺激了工业、建筑业的发展,对经济增长有刺激作用;水灾成灾率对第二产业的影响不显著,说明当灾害很严重时,对经济增长的刺激作用消失。

　　朱靖、黄寰的研究对于研究海洋灾害与经济增长的关系有很大的启发意义。虽然风灾也会直接造成经济损失,但水灾是海洋灾害最为常见的表现形式。台风带来的风暴潮或是猛增的降雨造成的决堤都会以水灾的形式对当地经济造成剧烈冲击。对于较为发达的地区来说,没达到严重程度的海洋灾害无法摧毁当地的基础设施,实现恢复性增长的难度相对来说不是很大。但严重的海洋灾害,则会对基础设施造成极大的破坏,经济恢复的难度将大大增加。

例如,2011 年 3 月 11 日在日本东北岸发生的 9.0 级地震引发了高达 10 米的海啸。高大的防护堤在如此巨大的海啸面前还是显得不堪一击,众多建筑物被海水冲毁,大量汽车也被席卷而走,上万人失去了生命。海啸还引发了二次灾害,造成福岛第一核电站的核事故,长久影响着这个区域的生态环境。福岛的许多产业受到核污染的威胁,经济难以在短期内恢复到灾害前水平。

二、海洋灾害研究的宏观经济学与微观经济学视角

宏观经济学与微观经济学在研究重点、基本假设、中心理论这三方面都存在视角差异。海洋灾害研究的宏观经济视角与微观经济视角可以从这三方面进行相应探析。

(一)海洋灾害的研究重点

从研究重点来看,海洋灾害的宏观经济视角是在海洋资源配置既定的前提下,研究社会范围内的海洋资源利用问题,以实现社会福利的最大化。例如,长期以来我国都是海洋大国而非海洋强国,因此海洋经济还不够发达,抵御海洋灾害的能力也有限。如何通过宏观产业经济政策的调整,在促进海洋产业发展的同时也将加强海洋灾害防御能力,是海洋灾害研究的宏观经济视角需要关注的问题。海洋灾害的微观经济视角是解决海洋灾害相关资源配置问题,即在应对海洋灾害的问题中,应该生产什么、如何生产、为谁生产,以实现海洋灾害相关个体效益的最大化。

(二)海洋灾害研究的基本假设

从基本假设来看,海洋灾害的宏观经济视角假定与海洋灾害相关的市场机制是不完善的,政府有能力调节海洋经济,通过"看得见的手"纠正市场机制的缺陷。而海洋灾害的微观经济视角的基本假设则是市场出清、完全理性、充分信息,认为市场经济的力量可以通过"看不见的手"自由调节海洋灾害相关资源的配置,从而实现资源配置的最优化。

（三）海洋灾害研究的中心理论

从中心理论来看，与海洋灾害有关的宏观经济学中心理论是国民收入决定理论、失业与通货膨胀理论、经济周期与经济增长理论、开放经济理论等。微观经济学有关的中心理论是价格理论、消费者行为理论、生产理论、分配理论、一般均衡理论、市场理论、产权理论、福利经济学、管理理论等。

需要特别指出的是，经济学又分为"实证经济学"与"规范经济学"。实证经济学实证经济学不涉及价值判断，与伦理道德无关，只是进行实证分析，确定"是什么""能不能做到"之类的问题。规范经济学则会依据一定的价值判断，道德观念，确定处理经济问题的标准，作为制定经济政策的依据，要解决的是"应该是什么"的问题。因为海洋灾害不仅带来经济损失，而且涉及生命安全等人道主义问题，所以不能仅仅采取实证经济学的研究方法，也应高度重视规范经济学的研究思路。

第二节　海洋灾害的宏观经济解析

一、海洋灾害对国民经济发展的影响

（一）国外著名的海洋灾害

海洋灾害对国民经济的发展影响巨大。其中，大型海啸由于突发性较强且影响范围大，对国民经济有着巨大的破坏作用。

1755年11月1日上午9时40分，约为里氏9级的葡萄牙里斯本大地震爆发，持续了3.5～6分钟，市中心出现一道约5米宽的巨大裂缝。接着，一场巨大的海啸对里斯本发起强大的冲击，将这座葡萄牙的中心城市经济完全摧毁。这次海洋灾害造成多达6万～10万人丧生，在整个人类历史上也是不多见的。自此，葡萄牙这个曾经非常强盛的海洋强国遭到致命打击，国力也衰落下去。

2004年12月26日，爆发了约为里氏9级且震中位于印尼苏门答腊以北海底的印度洋海啸。由于事发地点位于旅游热点附近，加上正值圣诞节的旅游旺季，很多旅客成了这次灾难的受害者。地震引发巨大的海啸席卷了印度洋沿岸地区,对南亚多国甚至部分非洲国家造成了巨大的打击,总计超过100亿欧元。东南亚国家的旅游业也因此受到影响,经济损失难以估量。

2018年9月28日下午,印尼中苏拉威西省发生7.4级地震,震源深度10千米,随后引发大规模海啸,袭击了中苏拉威西省首府帕卢和另一个城市东加拉。2 000多人死亡,超过6.5万座房屋在地震中受损,6万人无家可归。2018年10月6日,联合国发布声明表示,寻求5 050万美元的"紧急救济",以帮助在印度尼西亚地震和海啸中受灾的灾民,联合国计划在三个月内向19.1万人提供帮助。

(二)海洋灾害对中国宏观经济的影响

我国海岸线漫长,濒临的太平洋是产生海洋灾害最严重、最频繁的大洋。改革开放以来,我国沿海城市经济发展迅猛,人口也越来越密集。这些城市发展的好坏,很大程度上决定着我国国民经济的发展水平。因为这些城市很容易遭受海洋灾害袭击,所以研究海洋灾害对国民经济发展的影响具有十分重要的意义。20世纪80年代,中国沿海遭灾经济损失约每年10亿元;90年代以来,海洋灾害造成沿海城市的直接经济损失每年至少在几十亿元以上。2013年我国各类海洋灾害造成直接经济损失163.48亿元,2014年则达到136.14亿元。这样的严峻形势引起了国家的高度重视,加大了海洋灾害防范力度。2015年,我国海洋灾情总体偏轻,各类海洋灾害共造成直接经济损失72.74亿元。2016年,我国各类海洋灾害共造成直接经济损失50.00亿元。

例如,2018年"山竹"台风对我国宏观经济的影响就比较明显。2018年9月7日20时,台风"山竹"在西北太平洋洋面上生成,并一路向西,冲击了我国华南地区。截至2018年9月18日17时,台风"山竹"已造成广东、广西、海南、湖南、贵州5省(区)近300万人受灾,5人死亡,1人失踪,160.1万人紧急避险转移和安置。台风"山竹"还造成5省(区)的1 200余间房屋倒塌,800余间严重损坏,近3 500间一般损坏;农作物受灾面积174.4千公顷,其中绝收3.3千公顷;直接经济损失52亿元。

在广东省,山竹带来的影响非常大,学校停课,工地停工,景点关闭,航班取消,部分列车停运。深圳采取"四停",即:"停工、停业、停产、停运"等措施严密防御。深圳市区很多地方道路受阻,车辆无法通行,高速公路部分路段实施紧急交通管制。深圳一些道路两边的树木被"山竹"连根拔起,大梅沙京基喜来登酒店景观玻璃门被冲毁发生海水倒灌,还有其他一些地区出现海水倒灌现象。

二、海洋灾害对产业的影响

海洋产业是指开发、利用和保护海洋所进行的生产和服务活动,包括海洋渔业、海洋油气业、海洋矿业、海洋盐业、海洋化工业、海洋生物医药业、海洋电力业、海水利用业、海洋船舶工业、海洋工程建筑业、海洋交通运输业、滨海旅游等主要海洋产业。各类海洋灾害,会影响到上述海洋产业,造成巨大的经济损失。

以海洋交通运输业为例,由于国际贸易中,海运的成本最低,因此海上运输安全对外贸来说意义重大。国际贸易总运量的 75% 以上是利用海洋运输来完成的,有的国家对外贸易运输海运占运量的 90% 以上。由于船舶海上航行受自然气候和季节性影响较大,海洋环境复杂,气象多变,随时都有遇上狂风、巨浪、暴风、雷电、海啸等人力难以抗衡的海洋自然灾害袭击的可能,遇险的可能性比陆地、沿海要大。所以,提前预知国际海运通道上的海洋灾害,可以减少贸易风险,保障海上贸易的正常开展。

以滨海旅游业为例,风暴潮来临时,滨海城市的海上旅游项目都会暂时中止,以保护游客的安全。海上风浪较大时,海岛型旅游往往受到明显的影响。2014 年 5 月 2 日,一场突如其来的大风,让荣成市海驴岛风景区周围的海上波浪汹涌,370 多名在岛上看海鸥的旅客被困在了岛上。接到旅游公司的求救后,荣成龙须岛边防派出所赶紧组织了 7 名官兵和 3 名经验丰富的船长驾驶游艇赶过去救援。此时大风突然增强到 8 级,卷起了两三米高的海浪,救助游艇在颠簸中赶到了海岛,最终营救成功。

此外,台风不仅威胁到出海打鱼的船舶安全,而且在登陆时也会对近海的海洋养殖业造成打击。而油轮泄漏也会造成大量海洋生物的死亡,对海洋渔业造成不利影响。海冰则会阻塞海上航道、封锁港口、挤压海上建筑物,可能造成重大海难事故。

海洋灾害造成的经济损失,国家海洋局每一年都会编制专门的海洋灾害公报进行说明。例如,《2016 年中国海洋灾害公报》显示,2016 年,我国海洋灾害以风暴潮、海浪、海冰和海岸侵蚀为主,赤潮、绿潮、海平面变化、海水入侵与土壤盐渍化、咸潮入侵等灾害也有不同程度发生。此外,我国还存在发生海啸巨灾的潜在风险。海洋灾害对我国沿海经济社会发展和海洋生态环境造成了诸多不利影响。2016年,我国各类海洋灾害共造成直接经济损失50亿元,死亡(含失踪)60人。其中,造成直接经济损失最严重的是风暴潮灾害,占总直接经济损失的92%;人员死亡(含失踪)全部由海浪灾害造成。

第三节 海洋灾害的微观经济解析

一、海洋灾害与外部性问题

根据著名经济学家萨缪尔森的定义,外部性是指那些生产或消费对其他团体强征了不可补偿的成本或给予了无须补偿的收益的情形。通俗地说,外部性是某个经济主体对另一个经济主体产生一种外部影响,而这种外部影响又不能通过市场价格进行买卖。

外部性既可能是有益的(正的)也可能是有害的(负的)。当一个人或厂商从事的行为所产生的利益不仅使行为人得到好处,而且使其他的个人或厂商得到好处时,就产生了外部经济,包括厂商对资源的配置、知识或发明的发现、劳动力的培训,以及个人对传染疾病的预防等。厂商或个人在决策中考虑的是私人利益,并没有考虑这些行为给其他人带来的损益,个人或厂商在私人利益较大时会采取行动,其行为损害他人或给他人带来不利,但私人无须考虑带来损害的机会成本,这种损害称为外部不经济。

当海洋灾害发生而造成严重的海洋环境污染时,有害的外部性很容易显现出来。例如,美国康菲公司与中海油合作开发的蓬莱19-3油田于2011年6月发生溢油事故,康菲公司出资10亿元人民币,用于解决河北、辽宁省部分区县养殖生物和渤海天然渔业资源损害赔偿和补偿问题。但海水污染面积近千平方千米,利益受损的人数巨大,并非所有渔民都得到满意的补偿。康菲公司充分利用了公共资源,从渤海的石油开采中获益巨大,却对公共海域造成影响深远的污染,渔民无疑是利益受损的一方。

　　某些海岛上建有共享性质的临时避难所，不仅方便了自己，也方便了其他遇到海洋灾害天气的渔民，这体现出有益的外部性。但如果是花费巨大的海堤、渔港等大型工程，则往往不是由私人或厂商买单，而是由政府出面进行建设。海堤、渔港、养殖区、海洋工程等，是最容易遭受海洋灾害的对象，也是政府投资的重点。

二、海洋灾害对企业经济的影响

　　海洋灾害对企业经济的不利影响主要体现在对沿海企业的破坏力上。其中，对海洋工程类企业与海洋旅游类企业的影响最为典型。

（一）对海洋工程企业的影响

　　海洋工程类企业的许多设施装备处于海水环境中，一旦毁坏便造成经济上的损失。由于海洋建设与开发大多采用钢结构，而钢铁材料长期处于海水中，很容易被锈蚀，变得不再牢固，形成潜在的断裂风险。许多海洋平台出现的事故都是因为腐蚀造成的。

　　海洋工程结构复杂，造价昂贵，施工和作业成本高，又远离陆地，一旦发生事故，救援和救护的能力有限。一般的海上事故发生后破坏速度极快，而且结果多数都是毁灭性的，经济损失极其巨大。

　　1929 年，加拿大岸外 GRANT 浅滩地震引发的滑坡与浊流，将位于其附近的 LAURENTIAM 峡谷南面横跨大西洋的海底电缆折断了数百千米。

　　1975 年 3 月 20 日，墨西哥湾内的一个自升式平台钻到高压浅层气发生井喷，接着平台开始倾斜、起火燃烧，然后倾覆、沉没。

　　2010 年 9 月 7 日，我国山东东营胜利油田平台被台风"玛瑙"冲击，在渤海湾发生倾斜事故，出现人员伤亡。所幸及时关闭了平台的油井阀门，才没造成漏油事件，否则，经济损失会更加严重。

（二）对海洋旅游企业的影响

　　海洋旅游相对于陆地旅游而言更具风险性，有着更多的安全隐患。当海冰、灾害性海浪等海洋灾害出现时，可能对从事海洋旅游的企业形成异常沉重的打击。

　　海冰灾害的影响，最有代表性的是"泰坦尼克"号的遭遇。"泰坦尼克"

号是当时世界上体积最庞大、内部设施最豪华的邮轮,有"永不沉没"的美誉。但 1912 年,在它的第一次航行中,就与一座冰山相撞,船体断裂成两截后沉入大西洋底,直到 1985 年残骸才被人发现。超过 1 500 人在这次海难中丧生,这也是人类和平时期死伤人数最为惨重的一次海难。

2017 年 1 月 29 日,马来西亚 1 艘载有约 20 名中国游客的快艇,在哥打基纳巴卢市前往沙巴著名旅游景点环滩岛途中,在被强大的海浪冲击后损坏并沉没,有 3 人遇难,相关旅游企业被追责。2018 年 7 月 5 日 17 点 45 分左右,"凤凰"号和"艾莎公主"号载着 127 名中国游客船只返回普吉岛,途中突遇特大海浪,分别在珊瑚岛和梅通岛发生倾覆,造成 47 人遇难。由于遇难和失联人员均来自"凤凰"号,之后"凤凰"号游船船主、工程师遭到逮捕。

(三)海洋灾害对企业经济的有利影响

对于防御海洋灾害的企业来说,海洋灾害对其他机构造成巨大的威胁,反而催生了这些机构对防灾企业产品或服务的需求,成为这些企业经济增长的有利影响。

比如,对于造船企业而言,生产吨位较大的大船比吨位较小的小船有更大的利润空间。在海上风浪较大的区域,大船拥有更强的抗风暴能力。所以,只要支付能力足够,渔民往往倾向于购买价格更高的大船,造船企业的获利空间也就越大。而南极与北极区域,由于寒冷,海面结冰,对船只的航行构成威胁,催生了对破冰船的需求。对于生产破冰船的造船企业而言,也构成了利润增长点。

还有的企业专门从事海洋防灾类工程建设,获取利润。例如,浙江省围海建设集团股份有限公司,建筑施工业务主要包括海堤工程、河道工程、水库工程、城市防洪工程等。而海堤工程主要包括防护性海堤、围海海堤、填海造地海堤、促淤堤、港口海堤、渔港防波堤、交通海堤等。其中,围海海堤、防护性海堤是公司目前海堤建设的主要方向。围海成立至今,在中国沿海完成了近 400 项围海项目的壮举,围垦面积 120 余万亩,累计建筑高标准海堤 700 多千米,占新中国成立以来全国达标海堤总长度的 10%,将漫长的海岸线筑成沿海人民的生命线、经济线与生态线,惠及亿万民众。

保险企业也可以参与和海洋灾害相关的业务。我国海洋保险业务主要分为三大类：一是传统海上保险，主要包括货运险、船舶险、船东责任保险、海上旅客人身意外伤害险等。二是渔业保险，主要包括渔船保险、渔民海上人身意外伤害保险、水产养殖保险，其中前两项属于政策性补贴农业保险。三是新兴险种，例如海上石油勘探开发保险、游艇（艇体）保险、海上平台公众责任险等。据了解，目前我国大多数保险公司均已开展商业海洋保险业务。

此外，企业可以通过政府购买公共服务得到经济收益。例如，海南港航控股便接受了三沙市政府的委托，对永兴码头进行管理。委托范围包括船舶提供停靠服务、码头提供货物装卸、仓储、物流服务、船舶提供淡水供应、燃料供应补给服务、租赁码头设备和机械等服务工作。

三、海洋灾害对家庭经济的影响

（一）海洋灾害对渔民的影响

对于以捕鱼为生的渔民家庭来说，渔船不仅是最重要的生产工具，也是长时间的栖息地。一些以打鱼为生的小渔民家庭由于缺乏大船，无法远航，只能在近海捕鱼。退潮时，他们下笼下网，捕些鱼虾。但恰恰是风暴来临和结束时，鱼群容易聚集在一起，所以会有部分渔民不考虑到自身渔船的性能，去抢风头、赶风尾、超航区、超抗风等级进行冒险出海作业。因此，遇到海洋灾害时，他们的防御能力相对比较脆弱，很容易遭受人员伤亡。

例如，在我国经济还不发达的 1959 年 4 月 11 日，舟山数千渔民在江苏省吕泗洋渔场生产时突遭 10 级以上大风袭击。虽然各方全力营救，共救出落水渔民 2 419 人和危险渔船 445 艘，但仍共沉船 230 艘，死亡 1 178 人，损失 1 170 余万元。1960 年 4 月，周恩来总理建议并批准水产部建造一艘排水量在千吨以上的渔业生产指导船，分配给舟山渔场指挥部。该船取名为"海星601"，含"海上救星"之意。以后在暴风期中，该船不但成为舟山渔场指挥部的临时指挥场所，而且经常受渔场后勤部门之托为洋面上生产的渔船提供物资之需。

渔民家庭如果建造一艘高技术含量的渔船，投入非常巨大，往往需要通过集资和银行贷款等方式筹资造船。一旦渔船遭遇特别巨大的海风海浪而毁坏或沉没，渔民家庭不仅失去了生产工具，还可能欠下难以偿还的巨款。此外，海洋灾害不仅对渔业资源的获取造成消极影响，而且可能破坏港口等基础设施,造成渔业产品的销售困难。

（二）海洋灾害对养殖户的影响

海水养殖是利用浅海、滩涂、港湾、围塘等海域进行饲养和繁殖海产经济动植物的生产方式,是人类定向利用海洋生物资源、发展海洋水产业的重要途径之一。一些沿海地区的养殖户可以利用海水围塘、滩涂、港湾和近海,对鱼、虾、蟹、贝(包括珍珠)、藻类、海参等海生经济动植物进行养成;或是与科研机构合作,建立海水育苗场对各种海水动植物苗种进行繁殖和保苗,开展海水网箱养殖等。

在没有海洋灾害的时候,许多养殖户都能获利,往往选择增加投入,以扩大养殖规模。但遇到台风等强自然灾害时,却常常损失惨重。

2014年7月,台风"威马逊"对中国大蚝之乡广西钦州的养殖户就造成了巨大损失。钦州海华蚝业科技开发有限公司是龙门港镇的龙头企业,公司以合作社的方式,带动200多名农户进行大蚝养殖,养殖面积近千亩。但台风"威马逊"使得近九成的蚝排受损,初步估计整个公司损失达1 300多万元。从1996年那场大台风后,茅尾海海域十多年来一直都是风调雨顺,大家胆子大了,投入也多,加上养殖业的利润很可观,没有天灾时赚钱是肯定的。这次预料之外的风灾使得公司"多年的积蓄都没有了,等于倒退20年。"

2015年9月29日,台风"杜鹃"在福建莆田登陆。莆田秀屿区埭头镇翁厝村的林先生向东南网新闻热线反映,自己在年初投资20余万元引进一批鲍鱼苗,养殖了大半年共投入了70万～80万元。台风之前这批鲍鱼本来都被山东的客人订了,正要付定金,但台风一来,养殖区全部倒塌,鲍鱼也死了。本地区其他鲍鱼养殖户损失也很惨重。

第四节　海洋减灾和防灾

一、各类海洋灾害

海洋灾害主要有台风、海啸、灾害性海浪、海冰、赤潮、风暴潮等。影响我国的海洋灾害以风暴潮、海浪、海冰和赤潮为主,海岸侵蚀、海水入侵与土壤盐渍化、咸潮入侵等其他灾害也有不同程度发生。而台风一旦登陆,就会对陆地上的居民造成显著影响,因此具有较强的新闻效应。

(一)台风

台风是一种热带或副热带海洋上发生的气旋性涡旋大范围活动。我国一般将生成于西北太平洋和南海的强烈热带气旋被称为"台风"。西北太平洋台风主要集中在三个区域:菲律宾以东洋面、关岛附近洋面、南海中部。在南海生成的台风,时常对我国海南、广东等华南地区形成威胁。

而在美国等地区,则更习惯于将热带气旋称为"飓风",一般指生成于大西洋、加勒比海、北太平洋东部的热带气旋。

台风从结构上来看,可分为外层区(包括外云带和内云带)、云墙区、台风眼区这三个区域。台风眼在台风的中心,风平浪静。但由于台风是移动的,因此处于台风眼的区域往往在短暂的平静后又进入云墙区、外层区,受到狂风暴雨的侵袭。

台风不仅引起海上的大浪,对船舶、海上建筑物造成威胁,而且台风登陆后带来的大量降水也可能引发泥石流、山洪、水库决堤等灾害,大风会刮倒城市中的广告牌、大树、户外停放的车辆等。台风路径是不规则的,经常发生变动,因此预测登陆地点不是一件容易的事。登陆后的台风,由于地面摩擦且能量供应不足,会迅速减弱为热带风暴,然后逐渐消亡。

(二)海啸

海啸是由海底地震、火山爆发、海底滑坡或气象变化产生的破坏性海浪。海底产生剧烈的震动时,震荡波在海面上形成圆圈,不断扩大范围,可以一直向远处传播。由于海面平滑无阻挡,所以震荡波能够以每小时几百千米的速度向海岸线发起冲击,沿途能量损失很小。当到达海岸浅水地带时,波长减短而波高迅速增高,形成海水"高墙"。在能量巨大的水墙面前,海堤及岸边的建筑物都显得非常脆弱,经受不住海啸一波一波的连续冲击。海啸的破坏力几乎可以用"摧枯拉朽"来形容。

相对而言,由海底大地震引发的海啸最为常见。这些地震的震源一般在海底之下50千米以内,震级里氏6.5级以上。因此,全球的海啸发生区与全球地震带基本是一致的。其中,发生在环太平洋地区的地震海啸就占了全球海啸总数的 80% 左右,尤其是日本发生的海啸次数最多。

(三)灾害性海浪

由强烈大气扰动,如热带气旋(台风、飓风)、温带气旋和强冷空气大风等引起的海浪被称为灾害性海浪,有些学者还把它称为风暴浪或飓风浪。海浪一年四季均可发生,是我国造成人员伤亡和经济损失最大的海洋灾害类型。《2015 年中国海洋灾害公报》显示,影响我国的海洋灾害中造成死亡(含失踪)人数最多的就是海浪灾害,占总死亡(含失踪)人数的 77%。

例如,1989 年 10 月 31 日凌晨,由天津塘沽出发前往上海的"金山"号货轮在渤海区域遭遇气旋大风在海上掀起的 6.5 米的狂浪。虽然载重高达 4 800 吨,但依然被这么巨大的灾害性海浪掀翻,沉没在山东省龙口市以北,"金山"号上 30 余人全部遇难。

(四)海冰

海冰是冬季里典型的自然灾害,有固体、流体两种状态。呈固体状态时,海冰与海岸、海底、海岛冰冻在一起,其冻结或融化都会引起海况的变化。呈流体状态时,海冰在水面漂浮,随海风、海流而飘荡,会威胁到海上的船只或建筑物的安全。

例如,历史上著名的"泰坦尼克"号海难事件,就是当时世界上体积最为庞大的巨型邮轮与海上冰山相撞,造成船体沉没,举世震惊。

虽然近年来随着全球气候变暖,我国北方海域的海冰灾害有所减弱,但海冰灾害依然可能在某些极端气候出现时变得严重,所以必须加以重视,时刻提高警惕。

(五)赤潮

赤潮是海水中某些微小浮游植物、原生动物或细菌在一定的环境条件下暴发性增殖或高度聚集,从而引起海水水体变色的一种有害生态现象。

赤潮的颜色并非只有红色,只是早期这种现象被发现的时候海水呈红色,所以才被人以"赤潮"命名。由于形成赤潮的生物种类差异和数量的不同,所以赤潮发生时有可能呈现出黄色、绿色、褐色等。

赤潮的发作主要是在人类活动较多的近海区域。在这些区域,水污染现象较为严重,水中的氮、磷等含量较高,因此藻类及其他浮游生物的数量快速增长,水体中的溶解氧量大量消耗,从而造成鱼类等水生物的大量死亡。由于海洋环境污染总体来说呈加剧趋势,所以赤潮的发作也变得越来越频繁。初夏时节,海水温度升高,海洋微生物很容易快速增长,往往是赤潮的高发期。赤潮发生的水域多为风力较弱或潮流缓慢的半封闭港湾。

例如,2012 年,深圳的南澳海面发作了夜光藻引起的赤潮,大约有足球场大的海域受到污染。2017 年 8 月,深圳大亚湾海面出现了 45 平方千米由甲藻类锥状斯氏藻引起的赤潮,造成数以万计的鲻鱼死亡。

(六)风暴潮

风暴潮是由台风、寒潮等强烈的大气扰动引起的海面异常升降现象,也被称为"气象海啸"或"风暴海啸"。《2015 年中国海洋灾害公报》显示,风暴潮灾害是我国海洋灾害中造成直接经济损失最严重的一种类型。

风暴潮到来的时候,海水的潮位会上涨。有时候风暴潮正好与天文大潮位的高潮重叠,此时会造成水位急剧上涨,毁坏海堤、码头等。甚至海水倒灌进入滨海城市的市区,损害当地的社会经济和人身安全。

例如,2016 年 9 月 18 日,浙江钱塘江大潮受到台风"莫兰蒂""马勒卡"的叠加效应影响,比往年更加壮观。杭州下沙某位 30 岁左右的男子在观潮时遇到一个大浪打来,当场被拍晕,所幸没被大浪卷走,无生命危险。

二、海洋灾害防治

(一)制定减灾防灾计划

由于海洋灾害的范围大,破坏性强,必须由国家及地方政府机构制定相应的减灾防灾计划。

例如,中国国家海洋局于 2016 年 12 月印发了《海洋观测预报和防灾减灾"十三五"规划》,规划期限为 2016—2020 年。成立规划实施领导小组和领导小组办公室,细化目标、主要任务和改革要求,明确责任主体、实施进度,分阶段对本规划进展情况进行分析评估和监督检查,确保按期完成。规划实施相关单位和部门要贯彻落实本规划的总体部署和任务要求,充分发挥各自职能作用和资源优势,凝聚工作合力,实现资源共享,提升综合效益。

（二）加强海洋监测网络建设和预警系统建设

以往我国的海洋观测活动主要通过海洋站来开展,但这种方式比较单一,有较大的局限性。现在,不少沿海省份构建了立体观测网络。除了海洋站之外,还采取了雷达卫星、飞机船舶、环境浮标、波浪浮标、岸基站、遥感等多种监测手段。

例如,至 2020 年,广西将新建东兴、白龙尾、沙田、企沙等一批观测点,同时改扩建北海站、铁山港站、涠洲站等 5 个海洋站,使广西沿海岸基观测网点达到 14 个,形成完善的广西海洋观测网络体系;创建了海洋环境观测预报网络传输系统主干网,让各级海洋预报部门通过专线进行数据与预警信息的及时沟通;创建专业数据库对海洋气象信息进行存储与共享,让现代信息技术手段充分地运用到海洋监测网络建设和预警系统建设中。

（三）加强工程性防灾措施

海洋工程的主体在海岸线面向大海的一侧,主要包括两类技术,即资源开发技术、装备设施技术。具体而言,包括填海工程、围海工程、海堤工程,海上人工岛、海底隧道、跨海大桥、海底管道、海底电(光)缆工程、海洋矿产资源勘探开发工程、海洋能源开发利用工程、海水综合利用工程、海上景观工程,等等。

随着人类对海洋了解的增多和海洋技术水平的提高,通过海洋工程加大海洋资源开发力度变得越来越普遍。海岸带及其临近海域是经济活动最为活跃的区域,一方面要防范海洋灾害对海洋工程设施造成的损害,另一方面也要防止海洋工程的开发对当地造成海洋污染。

例如,1977 年,名为"渤海一号"的我国第一座自升式移动钻井平台在油田拖航途中遭到强风的袭击,形势非常危急。国务院紧急派出四艘巨轮,展开救援行动。由于巨轮起到了挡风阻浪的作用,船员们成功地将大浪掀开的舱口封上。虽然一条桩腿断开、船体严重倾斜,最终还是平安返港口,避免了平台沉翻的重大事故。

（四）强化海上海岸救助活动的组织与演练

海上救助、海岸救助是滨海城市常见的救援活动。平时需要经常进行相应的演练,才能在遇险时进行有效应对。

海上救助,是对海上遇险的船只、船员、船上货物的救援活动,也称为"海难救助"。早在 1910 年,国际海事委员会制定的《统一有关海上救助的若干法律规则的公约》就已经在第三届海洋法外交会议上获得通过,并于1931 年 3 月 1 日生效。其内容不仅适用于海上航行,也适用于内河航行。公约上规定的法律原则,成为许多国家有关立法的依据。中国的《中华人民共和国海商法》也有专门的章节规定了海上救助。海上救助活动的开展,必须由专业人员借助符合救助条件的专业工具开展,中国海警、中国海军都配备了专门的救援船只。

海岸救助,地点发生在海边的陆地上,比如容易发生溺水事故的海滩等,适合广大市民集体组织与演练。例如,2013 年 6 月 20 日,广西壮族自治区海洋局举行全区海洋灾害应急演练,模拟广西沿海受强热带气旋袭击,在北海、钦州、防城港海岸出现超过警戒水位 30~120 厘米增水淹没的风暴潮。整个演练过程,群众配合默契,集结撤离有序,避险转移达到预期目的。

思考与练习

1. 海洋灾害对经济的影响是什么?

2. 海洋灾害研究的宏观经济视角、微观经济视角,在研究重点、基本假设、中心理论这三方面存在怎么样的视角差异?

3. 海洋灾害对宏观经济、微观经济的影响主要体现在哪些方面?

4. 常见的海洋灾害有哪几种类型?

5. 海洋灾害防治工作主要体现在哪几个方面?

第八章

海洋经济的未来与展望

第一节　各国海洋产业政策走势——
以海洋第三产业为例

一、海洋产业政策及其类型

海洋产业政策是从产业经济的角度推动海洋经济发展的政策。海洋产业政策覆盖面宽,调整范围大,所处理的问题是全面综合的复杂系统,因此,海洋产业政策体系必然是由许多种类的具体产业政策组成,按照海洋产业政策对产业发展的作用领域、范围、形式和效果等方面的不同,概括起来主要有以下4种类型:海洋产业技术政策、海洋产业结构政策、海洋产业布局政策和可持续发展的海洋产业政策。

(一)海洋产业政策类型

1.海洋产业技术政策

海洋产业技术政策是指国家对海洋科技发展实施指导、选择、促进与控制政策的综合,包括两个方面:一是海洋科技结构的选择和技术发展政策,主要涉及制定具体的技术标准、技术发展方向,鼓励采用先进技术等;二是促进资源向海洋技术开发领域投入的政策,主要包括技术引进政策、技术开发政策和基础技术研究的资助与组织政策等。

2. 海洋产业结构政策

海洋产业结构政策是指政府按照海洋产业结构演化的基本规律和一定时期内各海洋产业的变化趋势,通过确定各海洋产业的构成比例、相互关系和发展顺序,推进海洋产业结构的转换,实现海洋产业结构协调化,从而加速海洋经济增长的海洋产业政策。

3. 海洋产业布局政策

海洋产业布局政策是指政府根据产业区位理论、国民经济发展要求以及海洋资源的客观条件,制定和实施的有关海洋产业空间分布、区域经济协调发展的,旨在实现海洋产业分布合理化的政策。与陆地相比,海洋产业布局不仅包括海洋区域经济布局和海洋产业带布局,由于海洋是自然资源的综合体,各类物质资源和动力资源有可能同时蕴藏在同一海洋地理区域中,海洋产业布局还包括了某一海域纵向的产业布局。

4. 可持续发展的海洋产业政策

可持续发展的海洋产业政策是指为了实现海洋产业与海洋开发与海洋生态环境的协调发展而制定的相关的产业政策体系,主要包括3个方面的内容:合理开发利用海洋资源,避免海洋资源的浪费;防止海洋环境的污染,保护海洋生态环境,保持海洋生态平衡;实现海洋产业的持续有效发展。

(二)不同海洋产业政策之间的关系

由于海洋的流动性,海洋通过流动的海水把不同区域的开发利用活动联系起来,一旦因人类的不合理开发破坏了某种海洋资源,将对其他海岸带资源、环境和海洋产业的发展产生直接或间接的影响。因此,可持续发展的海洋产业政策在整个海洋产业政策体系中与其他三种类型的海洋产业政策相互交叉、渗透。

海洋产业布局政策的对象是整个海洋经济,旨在实现海洋区域经济布局,海洋产业带布局以及某一海域纵向的产业布局。

海洋产业结构政策通过确定各海洋产业部门的构成比例和发展顺序等,以实现海洋产业结构的转换,从而加速海洋经济的增长,是整个产业政策体系的重点和核心。

海洋产业技术政策针对具体的海洋产业,通过对某一具体海洋产业科技发展的指导与促进,实现现代海洋经济。

二、各国海洋第三产业产业政策走势

针对海洋第三产业,主要分析各国在海洋产业技术政策和可持续发展的海洋产业政策方面的走势。

(一)促进海洋经济的可持续发展,重视可持续发展的海洋产业政策

《马来西亚海洋政策(2011—2020 年)》(草案)提出的第二个目标是"抓住发展机遇,推动经济可持续增长",包括"实现经济的可持续增长","合理利用海洋资源,在满足当代人需求的同时,不损害后代利益","实现沿海地区的可持续发展"。

韩国《21 世纪海洋发展战略》提出的第三个目标是可持续开发海洋资源,包括发展可持续的水产养殖业,开发生物工程产业和开发无公害海洋能源。

《加拿大海洋战略》确定的第二个战略目标是"促进经济的可持续发展",指出"经济的可持续发展,与了解和保护海洋环境之间存在着非常密切的联系",为了促进经济的可持续发展,应从科学上加深对海洋资源以及开发活动对海洋产生的影响的认识,同时考虑经济发展对社会、文化和环境产生的影响。

《法国海洋政策蓝皮书》确定了四大优先领域,其中第二个是"推动可持续海洋经济的发展",阐述了可持续利用自然资源的重要性,指出要采取措施发展可持续渔业与水产养殖,发展创新型和具有竞争力的船舶制造业。

(二)发展海洋科学与技术,重视海洋产业技术政策

美国最近几届政府制定的海洋政策,均把发展海洋科学技术作为重要任务。美国《21 世纪海洋蓝图》指出,"美国重视海洋科学技术,不仅需要大幅度增加经费,而且还需要改进战略规划工作,加强部门间协调,发展技术与基础设施,加强 21 世纪数据管理系统建设";并建议"制定国家海洋研究战略,增强并维护国家海洋基础设施,研究开发新技术,让试验性技术尽快向业务应用方向转化,大力提高科研数据的存储、转换与应用能力,开发有用产品"。2007 年 1 月美国国家科学技术委员会海洋科技联合分委员会发布了《规划美国未来十年海洋科学事业:海洋研究优先计划与实施战略》,提出了美国海

洋科技的六大主题和 20 个优先领域。

巴西《国家海洋资源政策》将加强研究和发展海洋科学与技术列为国家的重要任务,并明确提出发展自主的海洋技术与材料,为管理、保护与开发海洋服务。

《马来西亚海洋政策(2011—2020 年)》(草案)提出"发展海洋科技,促进以创新为引导的经济增长",包括获得海洋观测资料,加深对陆地—海洋—大气相互作用的了解,研制新仪器和促进海洋产业创新,加深对各各类海洋污染源及其影响的认识和了解,加深对外来入侵物种的了解,发展有关技术与方法,开展大陆架和深海资源调查,并提出要制定海洋科学、技术与创新战略。

《欧盟海洋政策绿皮书》指出,海洋科学技术对于制定正确的海洋政策、有效保护海洋环境和确保可持续发展等诸多方面都有重要意义,提出要建立必要的机制,加强海洋科技领域的合作与协调。欧盟海洋科技重点领域包括海洋资源(海洋可再生能源、天然气水合物、海洋生物资源等)、气候变化、海岸动力学、海洋开发与利用以及海洋科技基础设施的发展等。2007 年开始实施的《欧盟第七个框架计划(2007—2013 年)》,也把海洋环境管理以及海洋观测等列为重要支持领域。

葡萄牙海洋战略提出的三大战略支柱的第二大支柱是知识,具体内容是"加大对科学研究的投入,发展用于海洋和海岸带领域的新技术,为可持续发展与综合管理决策奠定坚实基础"。

日本《海洋基本计划(2013—2017 年)》提出的政策措施第七项是"推进海洋科学技术和海洋研发",内容包括:针对国家重要课题推进研发;推进基础研究和中长期研究;加强海洋科技共用基础建设,研发世界领先的基础技术。

三、我国海洋第三产业发展政策趋势

(一)战略重要性日益凸显

作为当今国际社会共同关注的热点,海洋经济已成为世界经济增长的新领域,加快海洋第三产业的发展是大力推行海洋强国战略的重要举措,其战略重要性在产业发展政策中日益凸显。首先,从指导战略及规划来看,《全国海洋经济发展规划纲要》《国家"十一五"海洋科学和技术发展规划纲要》《国家海洋事业发展规划纲要》《全国科技兴海规划纲要》等一系列重要的方针政策都提出要发展海洋生物资源开发,海水利用、深海探测等领域以及相关支持的科技人才规划,《国家海洋局工程技术研究中心管理办法(试行)》更是明确旨在根据海洋高技术产业和战略性新兴产业发展的重大需求,增强海洋高技术产业和战略性新兴产业核心竞争能力,足以说明战略性海洋第三产业在发展海洋经济中的战略地位。其次,从具体发展政策上说,海洋运输业、滨海旅游等产业也被视为战略性产业加以重点扶持。总体而言,海洋第三产业发展政策的战略地位无论从宏观层面的国家总体海洋发展战略,还是从中观层面的战略性海洋新兴产业具体发展政策上均有所体现,有利于更好地认识海洋第三产业发展的重要性,从而相应的采取促使其可持续发展的战略举措。

(二)政策体系不断完善

随着国家对海洋第三产业发展的不断重视,海洋第三产业的政策体系也日趋完善。从宏观层面的指导战略及规划到中观层面的具体产业发展政策及其配套专项政策,从产业的总体发展方向到具体产业各方面的政策支撑,都随着国家海洋经济发展的客观要求不断的充实加强。20世纪90年代,我国制定了《中国海洋21世纪议程》和《中国海洋事业的发展》白皮书,提出了中国海洋事业可持续发展战略在海洋事业发展中应遵循的基本政策和原则。在此基础上,《全国海洋经济发展规划纲要》《国家"十一五"海洋科学和技术发展规划纲要》《国家海洋事业发展规划纲要》《全国科技兴海规划纲要》等一系列重要的方针政策对于战略性海洋新兴产业的发展都具有宏观指导意义。在具体产业发展政策上,配套专项政策和实施办法也在不断完善。

(三)政策规定愈加具体细化

随着海洋经济的不断发展,海洋第三产业的发展政策规定也在不断跟随其发展步伐。《全国海洋经济发展规划纲要》作为我国制定的第一个指导全国海洋经济发展的宏伟蓝图和纲领性文件,指出"发挥比较优势,集中力量,力争在海洋生物资源开发、海洋油气及其他矿产资源勘探等领域有重大突破,为相关产业发展提供资源储备和保障",主要措施是"要重点支持对海洋经济有重大带动作用的海洋生物、海洋油气勘探开发、海水利用、海洋监测、深海探测等技术的研究开发。"《全国科技兴海规划纲要(2008—2015年)》

则在指出海洋生物医药、海水淡化与综合利用、海洋可再生能源和深海领域关键技术体系具体内容的基础上,着重指出相应的技术转化与示范工程的内容,与海洋第三产业实践的紧密性更强,进一步显示出海洋第三产业对海洋科技发展的重要作用,有利于引导海洋第三产业实现跨域式发展。《国家海洋局工程技术研究中心管理办法(试行)》的重要意义则在于通过市场机制将所形成的海洋技术成果实现技术转移和推广,推动建立海洋高技术产业联盟,真正起到海洋科研与海洋高技术产业之间的桥梁和纽带作用。另外,在产业具体发展政策上,政策规定也随着产业发展的要求更为具体。

(四)注重加强海洋科技创新

发达国家战略性海洋新兴产业的进步关键在于依靠海洋高新技术支持,注重海洋科技的自主创新。我国的海洋第三产业的发展战略与计划都体现了国家对开发和利用"海洋技术"的重视,着力强调海洋科技创新的重要作用。《全国海洋经济发展规划纲要》指出发展海洋经济的指导原则之一就是要坚持科技兴海,加强科技进步对海洋经济发展的带动作用,要加快海洋科技创新体系建设,进一步优化海洋科技力量布局和科技资源配置。加强海洋资源勘探与利用关键技术的研究开发,培养海洋科学研究、海洋开发与管理、海洋产业发展所需要的各类人才,提高科技对海洋经济发展的贡献率。《国家"十一五"海洋科学和技术发展规划纲要》则从发挥科技对海洋事业发展的支撑和引领作用的角度出发,统筹考虑全国海洋科技力量和资源,全面规划和部署了"十一五"及今后一段时期全国海洋科技工作的发展方向和主要任务,指出要加大海洋科技投入,深化海洋科技体制改革,扩大海洋科技国际合作,始终贯彻了"科技兴海"的发展理念。在具体产业发展政策方面,各项专门政策与配套法律法规的规定无不着重强调各自领域海洋科技创新的重要性和紧迫性,强调构建具有自主知识产权的关键技术体系,以海洋科技的进步推动海洋第三产业的进步。

四、海洋运输业政策走势

海运业是经济社会发展重要的基础产业,在维护国家海洋权益和经济安全、推动对外贸易发展、促进产业转型升级等方面具有重要作用。日本和美国等国家开展海运服务贸易均早于我国,其在海运服务贸易发展的各个方面都具有引领性和竞争性。我国海运服务贸易在经过多年发展后,已赶超很多国家,但还是存在诸多不足。且日本、美国和中国一样都是贸易大国,但都在海洋运输方面资源禀赋优势不足,故探究日本及美国的政策走势对中国政策未来方向有着重要的指导借鉴意义。

(一)日本

日本海运政策的制定大致可分为以下几个阶段:

(1)二战前的日本海运政策。"明治维新"以后,日本政府提出"富国强兵"的战略目标并制订一系列扶持性海运政策。这些海运政策使日本海运业迅速发展,使得日本海上霸主的地位得以确定。

(2)二战后的日本海运政策。第二次世界大战后,日本政府将振新海运业作为恢复国民经济发展的有效手段,采取了一系列重大举措。如"计划造船"、扩大商船队、扩大船舶融资途径、实现海运业"民营还原"等。

(3)日本新海运政策。1996年10月1日,通过修改《海上运输法》开始部分实施《国际船舶制度》。此外日本政府还制定了许多其他具有支持性和改革性的海运政策。

(二)美国

美国海运政策的制定大致可分为以下几个阶段:

(1)从美国独立战争结束到美国南北战争期间。美国第一届国会制订的《1789年7月4日法令》,是其历史上用于保护航运业的第一个法令。之后,美国国会又通过了一系列法令。这一时期是美国的航运业的第一个繁荣时期。

(2)从美国南北战争之后到第一次世界大战。虽然当时的美国政府继续采取措施对商船业予以保护,但其对海运业的重视程度远不及一些欧洲国家,所以这一时期美国的海运业显得相对衰落。

(3)两次世界大战期间。美国政府深刻了解到海运业对于国民经济的支柱性和保障性,于是美国国会通过了《1916年航运法》,它是美国第一部比较完整的海运法规,主要用于对本国的海运企业进行保护,并激励它们积极向外扩张。该法规在美国航运史上占据至关重要的地位,是美国逐步成为海运大国的里程碑。在1936年的《海商法》中明确规定其海运船队不仅要能承担对外贸易进出口货物的运输,还必须能作为海军的军需辅助船队,以备不时之需。且这些均是建立在船舶应由美国建造,悬挂美国旗等基础上的。随后美国相关机构又规定了一系列的法规。

（4）第二次世界大战之后至今。这是美国海运服务贸易发展的黄金时期,也正是在这期间,美国成为世界海运市场的霸主。美国因在两次世界大战中获得了较大的利益,使其已由海运大国转变为海运强国。为顺应世界海运市场发展的新形势,美国再次调整其海运政策,其中有较大意义的是美国在1998年《航运改革法》中加强了对承运其进出口货物的船公司的约束,这显示出美国将会把对全球航运进行调整作为其海运政策发展的重点。

（三）中国

中国海运政策的制定大致可分为以下几个阶段:

（1）改革开放之前的1954—1979年。该时期海洋政策的施政重心是海防相关问题,具体包括1954年提出的为了保卫我国领海主权而发展海军的主张,以及在1954、1959、1964和1978年提出的要求美国军事力量撤出台湾海峡的主张。除此之外,该时期有关海洋运输(以及与此相关的沿海港口建设)的政策也有出现,不过,这些政策领域只是在少数几个年份的政府工作报告中被简单提及,缺乏明显的施政力度与政策持续性。

（2）改革开放初期的1980—1990年。该时期海洋政策施政重心的变化与改革开放战略的做出有着直接的联系。改革开放之后中国经济的对外联系日益紧密,各种物资、设备、资源都要依赖于海上通道来运输,因此政府决策者多次强调海运或沿海港口建设问题。

（3）1991至今。这段时期政府在关注海洋资源利用和海洋资源保护的问题的同时,对海洋运输方面一直在加大开放力度,大量的国外海运企业凭借其雄厚的经济、技术、管理实力及其所属国的政府扶持政策进入我国,并在国内市场竞争中处于优势地位,使得我国海运企业竞争力与其竞争对手相比处于劣势。船舶登记制度方面经过2007年的"特案免税"政策、2009年上海"第二船籍登记制度"、2012年上海洋山保税港区的保税船舶登记、2013年天津东疆保税港区的国际船舶登记制度及2014年1月《中国(上海)自由贸易试验区国际船舶登记制度试点方案》正式开展国际船舶登记,船舶登记制度在登记主体、船龄限制、外籍船员雇佣、船籍港的各项便利政策、船舶登记种类及登记程序等方面均有所突破，提高了国际船舶登记效率。我国自海运业上升为国家战略以来，相继出台了一些政策，比如拆船补贴政策、船舶行业规范白名单等，为海运企业技术更新、改善船舶结构给予有力引导和支持。国务院在 2014 年发表《国务院关于促进海运业健康发展的若干意见》中指出，海运业是经济社会发展重要的基础产业，在维护国家海洋权益和经济安全、推动对外贸易发展、促进产业转型升级等方面具有重要作用。

不断创新和制定相关政策是提高一国海运服务贸易国际竞争力的前提和保障。日本和美国正是严格实施这一准则，在其海运服务贸易发展的不同时期，制定不同的有利于其海运服务贸易发展的海运政策，并保障严格实施，才使得其海运服务贸易保持强大的国际竞争力。而这也正是我国借鉴这些国家海运服务贸易发展经验的关键所在。

五、滨海旅游业政策走势

中国支持海洋旅游发展政策经历了较为显著的两阶段发展时期：一是20 世纪 90 年代前后。中央政府出台了《中国海洋 21 世纪议程》（1994 年），明确提出：为适应海洋旅游娱乐业迅速发展的要求，一切适宜于旅游娱乐的岸线、海滩、浴场和水域，都要预留下来以保证旅游娱乐事业的需要。这一议程为后来海洋旅游的可持续发展研究奠定了坚实的政策基础。二是进入 21世纪后。国务院、发改委、国家海洋局、交通运输部、各级地方政府等部门均相继颁布了有关海洋旅游的政策文件，内容涉及海洋旅游产业发展、海洋旅游经济、海洋旅游资源建设等内容，为我国海洋旅游持续稳定发展保驾护航。

1. 海洋旅游产业发展支持政策

海洋旅游产业作为海洋产业的一个重要组成部分，在 1984 年提出了旅游建设方针后才得以全面的发展。《国民经济和社会发展第十二个五年规划纲要》第十四章第一节中明确提出优化海洋产业机构和大力发展海洋旅游，要求在优化海洋产业结构的基础上，积极发展滨海旅游等产业。该政策作为支持海洋旅游产业发展的总起性文件，为地方性政策的制定和颁布起到了良好的规范作用。

2. 海洋旅游经济发展支持政策

海洋旅游经济作为海洋经济组成中的重要部分,其效益往往有"事半功倍"的效果。海洋旅游的发展能极大地带动海洋经济和国民经济的发展,形成了海洋旅游经济的领域。《全国海洋经济展规划纲要》(国发〔2003〕13 号)明确阐述了发展海洋经济的原则和目标,包括突出重点、扩大并提高滨海旅游业等支柱产业的规模、质量和效益等。此外,为进一步加大金融支持实体经济力度,改进和提升金融对旅游业的服务水平,支持和促进旅游业加快发展《关于金融支持旅游业加快发展的若干意见》(银发〔2012〕32 号)从旅游业宏观层面上,提出抓住旅游业加快发展的战略机遇期,支持和推进旅游业科学发展和转型升级,把旅游业建设成国民经济的战略性支柱产业和人民群众更加满意的现代服务业观点,间接地促进了海洋旅游经济的发展。

3. 海洋旅游资源建设支持政策

(1)滨海旅游资源建设方面。

《全国海洋经济发展规划纲要》(国发〔2003〕13 号)所提出实施滨海旅游精品战略、突出海洋文化、滨海旅游特色等目标,为后来滨海旅游发展战略规划提供了政策性参考。在其指导下,滨海旅游业保持强劲的增长态势,近几年的发展中,年增加值不断增大,增加值年增长率也保持较为平稳的发展趋势。依据国家统计局、国海洋局、国家旅游局等统计数据,2006—2012 年间,我国滨海旅游业增加值由 2 400 亿元上升至 6 972 亿元,年平均增长率高达 11.3%,其中邮轮、游艇等新型业态快速涌现是不可忽略的积极因素。

(2)海上旅游资源建设方面。

① 海岛旅游。海岛旅游作为海洋旅游的重要组成部分发展迅速,海岛作为一个独特的地貌单元,有着广阔的开发前景。《关于为扩大内需促进经济平稳较快发展做好服务保障工作的通知》(国海发〔2008〕29 号)指出要加快推动以无居民海岛为主的海岛的开发和建设,不仅要加强相关政策支持,还要发展特色经济。

此外,《全国海洋经济发展规划纲要》(国发〔2003〕13 号)在海岛及邻近海域板块中也提发展海岛休闲、观光和生态特色旅游;建立各类海岛及邻近海域自然保护区等美好设想。两份国家政策明确了海岛旅游开发和发展的必要性和重要性,有利于海洋旅游资源的进一步完善。

② 邮轮旅游。2009 年交通运输部发布的《关于外国籍邮轮在华特许开展多点挂靠业务的公告》为海外邮轮在中国的业务拓展了空间,将会把更多的邮轮吸引到我国的港口。《关于加快发展旅游业的意见》指出把邮轮游艇、邮轮游艇旅游作为培养的新消费热点并大力推进邮轮游艇旅游。此外,上海市专门发布《2010—2011 中国邮轮发展报告》,提出发展国际邮轮经济有利于上海建设国际航运中心的观点和认识,并把发展邮轮航运及相关的服务业作为国际航运中心建设的重要组成部分。可见,邮轮旅游这一极具魅力的消费热点将会引领海洋旅游的发展潮流。

在全面提出建设海洋强国战略之后,国家对于海洋产业的扶持也加大了力度,以下是全国海洋经济发展"十三五"规划中针对滨海旅游提出的建设性要求。

《规划》要求优化海洋经济发展布局,其中渤海湾沿岸及海域要依托国家海洋博物馆、极地海洋馆等场馆,建设国家海洋文化展示集聚区和创意产业示范区;江苏沿岸及海域要推进海洋旅游业发展,积极培育海洋文化创意产业;浙江沿岸及海域要继续办好海洋文化节,建成我国知名的海洋文化和休闲旅游目的地;福建沿岸及海域要积极培育海洋文化创意产业。

(3)发展成就。

海洋服务业增长势头明显,滨海旅游业年均增速达 15.4%,邮轮游艇等旅游业态快速发展。

① 北部海洋经济圈。

北部海洋经济圈由辽东半岛、渤海湾和山东半岛沿岸及海域组成。

a.辽东半岛沿岸及海域。该区域发展的功能定位是重要的海洋生态休闲旅游目的地、生态环境优美和人民生活富足的宜居区。重点推进东北亚国际海洋海岛旅游、海滨避暑度假旅游区建设,大力培育邮轮旅游发展,打造东北亚地区邮轮旅游基地。

b.渤海湾沿岸及海域。积极发展高端旅游,打造天津北方国际邮轮旅游中心。依托国家海洋博物馆、极地海洋馆等场馆,建设国家海洋文化展示集聚区和创意产业示范区。

c.山东半岛沿岸及海域。发展国际滨海休闲度假、邮轮游艇、海上运动等高端海洋旅游业。

② 东部海洋经济圈。

东部海洋经济圈由江苏、上海、浙江沿岸及海域组成。

a.江苏沿岸及海域。推进海洋旅游业发展,积极培育海洋文化创意产业。

b.上海沿岸及海域。加快邮轮游艇经济发展,支持邮轮游艇出入境管理等政策试点。

c.浙江沿岸及海域。继续办好海洋文化节,建成我国知名的海洋文化和休闲旅游目的地。

③ 南部海洋经济圈。

南部海洋经济圈由福建、珠江口及其两翼、北部湾、海南岛沿岸及海域组成。

a.福建沿岸及海域。该区域发展的功能定位是我国重要的自然和文化旅游中心。加快厦门邮轮旅游业发展,加强邮轮游艇研发制造。加快发展涉海金融服务业。积极培育海洋文化创意产业。

b.珠江口及其两翼沿岸及海域。积极发展海上运动、邮轮游艇,开辟海上丝绸之路旅游专线。

c.广西北部湾沿岸及海域。积极开发多层次的海洋旅游精品,发展邮轮和游艇产业,构建中国—东盟海洋旅游合作圈。

d.海南岛沿岸及海域。该区域发展的功能定位是我国旅游业改革创新的试验区、世界一流的海岛休闲度假旅游目的地。“十三五”时期,重点是做精做强特色滨海旅游,加快发展邮轮旅游,积极开发帆船、游艇旅游。

(4)拓展提升。

适应消费需求升级趋势,发展观光、度假、休闲、娱乐、海上运动为一体的海洋旅游。推进以生态观光、度假养生、海洋科普为主的滨海生态旅游。利用滨海优质海岸、海湾、海岛,加强滨海景观环境建设,规划建设一批海岛旅游目的地、休闲度假养生基地。统筹规划邮轮码头建设,对国际海员、国际邮轮游客实行免签或落地签证,推进上海、天津、深圳、青岛建设“中国邮轮旅游发展实验区”。发展邮轮经济,拓展邮轮航线。在滨海城市加快发展游艇经济,推进游艇码头建设,创新游艇出入境管理模式。支持沿海地区开发建设各具特色的海洋主题公园。在有条件的滨海城市建设综合性海洋体育中心和海上运动产业基地,发展海上竞技和休闲运动项目。

第二节 未来的海洋治理格局分析：未来主要海洋危机与风险管控——基于多元主体参与全球海洋公域治理的视角

"海洋公域"是全球治理的新兴领域之一，包括公海与国际海底区域两部分，即不含主权国家的内水、领海、专属经济区或群岛国的群岛水域在内的其他全部海域，以及国家管辖范围外的海床和洋底及底土。在"陆海统筹"的视角下，中国要合理开发海洋资源，高效推进海洋经济，切实保护海洋环境，大力发展海洋科技，正当维护海洋权益，同时积极参与全球公域治理。而海洋公域是"全球公域"的重要组成部分，是没有处于国家管辖权之下的区域及其所赋存的资源，其治理涉及自然资源、生态环境、航行运输等诸多方面，且存在多元主体参与其中进行竞合博弈。

在有效开发利用海洋自然资源，保护海洋生态环境，维护海上航运安全，海洋强国建设与"21世纪海上丝绸之路"建设的多重要求和背景下，中国作为多元主体中的重要一员，需要积极参与全球海洋公域的治理。

一、全球海洋公域治理的对象

（一）海洋自然资源

海洋中蕴藏丰富的自然资源，如海洋生物资源、海洋矿产资源、海洋空间资源与海洋水体资源等（朱坚真等，2016）。海洋自然资源可以在人们的开发利用过程中，产生正向效益。以海洋渔业为例，其在食物、就业、休闲、贸易、生态系统等方面都或多或少地使世界沿海地区人民受益。然而，公海上猖獗的非法、不报告和无监管（Illegal, Unreported and Unregulated, IUU）的捕捞活动广泛存在于不同海区内，这是由于船旗国管理不善造成的。IUU捕鱼行为破坏了国家和区域在养护和管理渔业方面所付出的努力，阻碍了《21世纪议程》第17章及1995年联合国粮农组织《负责任渔业行为守则》所制定的长期可持续性和责任目标的实现。既对海洋生物资源本身产生消极影响，又是对负责任、诚实和遵守其渔业管理当局规定的渔民不公平的。海洋公域占据了全部海洋的较大部分,海洋公域中的各类自然资源在本质上是一种同时具有非排他性和竞争性的"公共池塘资源"。解决诸如公地悲剧、公共池塘资源可持续利用的问题成为全球公共事务治理所面临的挑战。

(二)海洋生态环境

海洋生态环境问题一直受到国际社会关注,联合国环境署(UNEP)于1995年推出了《保护海洋环境免受陆地活动影响全球行动纲领》,旨在指导国家和区域避免、减少、控制和消除陆地活动对海洋的影响。每年都会有大量的塑料制品被遗弃到海洋里,威胁海洋生物的生存,严重损害了整个海洋生态系统,同时对人类的经济活动而言,渔业和旅游业也将遭受破坏。2017年12月,在肯尼亚内罗毕举行的第三届联合国环境大会上,海洋问题再度被提及,会议明确了海洋垃圾的来源主要包括丢弃的渔具、航运活动、合法及非法倾倒等。海洋污染不仅会造成严重的经济损失,也会导致生物多样性的丧失,还将损害生态系统的功能和服务。海洋是一个具有开放性和流动性的全球性系统,海洋溢油事件、海洋白色污染、海洋植物蔓延、海洋水体酸化等均会波及一定的空间范围内的海洋生态环境。

(三)海上航运安全

全球航海业的基础设施及人员安全是不容忽视的重要治理内容。船舶在海上航行与运输过程中,常常发生海盗、恐怖主义等非传统安全问题,尤其在公海范围内,洗劫财物、劫持人质与船货、勒索赎金等事端,严重威胁到海上航运通道的安全。此外,在IUU捕鱼行为中也有很多与其他犯罪行为有紧密联系,比如渔船用来运送偷渡者、运输毒品和武器等。海上运输是国际贸易物流中最为主要的方式,其中关系到国家粮食与能源安全的农产品及能源产品也是依赖于海上重要通道,实施严格的检查和维护制度是至关重要的。

二、全球海洋公域治理的经济学基础

(一)生态经济学基础

生态经济学与生态环境、自然资源密切相关,主要研究人类活动与生态系统之间的相互作用,在学科演进过程中考虑了生态资源、生态产品到生态空间等。很多经济学家已经较早关注到自然资源、环境以及生态问题,海洋是全球三大生态系统之一,海洋生态系统在调节全球水循环、调节气候、地球生命支持等方面具有重要作用。在环保领域具有划时代意义的著作《寂静的春天》的作者卡森即为一位海洋生态学家。Costanza 等(1997)将生态系统所提供的货物和服务进行货币化评估,测算发现当时 63.0%左右的生态系统服务价值来自海洋。Boesch(1999)考察了科学在海洋治理和生态经济学中的作用,他指出科学在理解代际效应、解决人们对海洋生态系统行为的固有的不确定性、解释生态—经济模型以及在适应性治理的评估方面面临着挑战。

在全球海洋公域的生态环境治理方面,由于人类对于海洋公共资源的开发利用,海洋生物多样性减少、海洋环境严重污染、全球气候变化等生态问题尤为突出。海洋公域治理过程中,各国需要考虑海洋生态系统的承载力或生态阈值,合理测度与评估,同时将其自然资源产品或服务的价值在经济核算中予以内部化,从而实现各方相互协调,共同保护海洋生态环境。

(二)公共经济学基础

目前,海洋公域治理具有明显的公共产品特征:治理的成果不会因为一个国家获得收益而排斥其他国家获得收益,也不会影响其他国家收益的质量,其既具有非排他性也具有非竞争性。因此,想要实现全球海洋公域治理这种公共物品的有效供给,可以通过对这种产品进行科学定价,由其他利用海洋的国家向提供全球海洋治理的国家支付费用。由于海洋治理的周期长、回报慢,所以各国参与的主要目的就是获得国家利益。"逐利者"和"治理者"的两重身份导致了由各国组成的治理组织的松散无效。要解决这个问题,加强对各国的教育就显得十分必要了。2017 年 6 月,联合国主席在联合国海洋大会上指出:海洋生态环境的恶化是各方共同造成的,同样也需要各方的共同努力共同治理。他呼吁所有国家和非国家主体齐心协力治理海洋环境,预防海洋灾难。

(三)制度经济学基础

制度经济学将制度作为经济研究中的对象,试图解释制度因素对于经济增长的重要作用,并在经济视角下解释制度演进的动因。针对全球海洋公域治理，在整体主义下，其内涵更多体现在对治理制度这一具有公共性的物品更有效的提供，而个体主义则更多反映各个治理主体行为对于治理制度的制定与推动作用。所以，对于制度经济学发展历程的把握可以为当今的海洋公域治理问题提供制度理论依据。

三、全球海洋公域治理主体分析

（一）治理主体的行动

随着经济、科技全球化进程的深入，世界政治经济格局发生变化，传统的小范围国家主体治理模式出现了利益无法调和、问题解决冲突的问题，并对传统的全球海洋公域治理机制提出挑战。新型治理主体的产生与不同发展程度国家政府参与治理的能力与意识的变化，使得以多元行为主体共治为理念的全球主义理论不断深化，并指导全球海洋公域的治理实践。海洋公域自身公共性和治理目标碎片化的特点，对各行为主体提出了更高的治理要求。当前，全球海洋公域的治理主体结构层次复杂，不同种类间各个主体共同发挥治理作用，其治理行为体现为集体行动，具有多方博弈的特点。公地悲剧与集体行为的逻辑背后蕴含的是"搭便车"的问题，体现了面对治理决策时，个体理性与集体理性之间的固有矛盾。在实际治理过程中，不同海洋公域治理主体间也会面临治理成本与治理收益等信息不对称的决策。

（二）多元主体治理

在全球海洋公域治理实际进程中，参与主体并非模型中假定的两方。各种不同性质、处在不同结构层次的治理主体在全球海洋公域治理体系下共同做出选择，呈现出多元主体的共同博弈的复杂局面。根据王琪等（2015）对全球海洋治理主体的定义，全球海洋公域的多元治理主体主要分为四类：主权国家政府、国际政府间组织（IGOs）、国际非政府组织（NGOs）、跨国公司（TNCs）。全球海洋公域治理实质是权力在治理的不同层次之间的重新分配，最终形成了多主体间相互竞合的权力体系。不同主体参与全球海洋公域治理体系中的地位不同，并随着治理体系的不断完善而发生变化。

1. 主权国家政府治理

在对世界范围内经济、政治、生态、安全的管理上，各主权国家政府，特别是处在国际体系权力高地的大国和中心国家的政府仍占据主导地位。出于各个国家对于公海权益的争取，国家政府作为海洋政策的指定者与执行者，仍为海洋公域的治理的基本主体。公海与国际海底区域具有丰富的海洋生物资源、油气资源、矿产资源，各国政府为了争取其未来捕捞权与开采权，积极参与公海规则的制定，维护海洋公域治理的可持续发展原则与代际公平原则。此外，在公海安全与突发事件的处理问题上，仅有主权国家才有实力参与相应公海治理行动，诸如打击公海犯罪与实施公海搜救等。截至 2015 年，世界 195 个主权国家中，有 150 个是沿海国家。由于海洋的系统性与流动性，全球海洋公域的环境问题会直接影响沿海国领海环境问题，这使得沿海国对于海洋公域环境治理的需求相对紧迫。而海洋公域的资源利用会直接影响世界所有国家。所以主权国家政府在全球海洋公域治理中的主体地位受其治理能力与治理需求两方面共同作用。在进行全球海洋治理时，各个主权国家在治理的共同利益面前，还是会以各自的国家利益为重。所以各个国家在治理问题上出现利益冲突时，单纯靠主权国家的政府在利益的博弈面前做出让步，因而很难有效完成海洋公域的治理。

2. 国际政府间组织治理

国际政府间组织（IGOs）在参与全球海洋公域治理时，在相关条约和宗旨的范围内，享有独立的治理地位，而不受各个主权国家权力的管辖。国际政府间组织同各主权国家一样，在全球海洋治理活动中起主导作用。图 8-1 由全球海洋委员会的资料为主体整合而成，展现了以联合国为主的政府间组织参与全球海洋公域治理的结构框架。联合国下设的环境规划署、计划开发署、粮食与农业组织、海洋法管理部门法律事务办公室等组织各自发挥职能，并在联合国海洋与沿海区域网络的协调管理下，在维护公海生物多样性、公海与国际海底区域可持续发展方面做出努力。各组织通过颁布公约、协定与发起海洋项目，带动组织内各国政府参与治理。除了全球性组织外，区域性国际组织通过对海洋公域进行地理空间的划分，将海洋治理的对象细分。区域性国际组织通过对不同海域的不同问题进行治理，利于将治理落实，加强治理的效果。但是区域性国际组织会割裂全球海洋公域的整体性，形成各海域各自为政的局面。各区域不同的治理目标也不利于全球海洋公域治理的统一性，加剧了治理的碎片化。

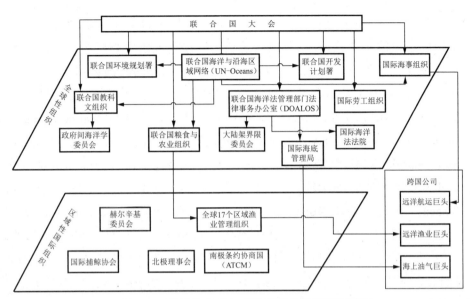

图 8-1　多元主体参与全球海洋公域治理框架图

3.国际非政府组织治理

国际非政府组织(NGOs)作为非官方的、民间的组织,近年来在全球海洋公域治理中发挥了越来越重要的作用。作为海洋公域治理的利益相关者,国际非政府组织和其他公民社会团体,通过积极动员公众对国际协议的支持,成为国际合作背后的强大推动力量。在全球海洋公域多元主体共治的体系中,国际非政府组织作为公共治理部门与私人治理部门之间的重要纽带。在缺乏重要服务、代表性与社会凝聚力的情况下,非政府组织在治理和为社会目的创造价值方面的作用不可替代。非政府组织具备基于信息技术的组织能力、专业知识与资源获取能力和政策影响力,在未来参与国际海洋公域治理时具有更大潜力。

4.跨国公司治理

跨国公司(TNCs)作为私人部门在全球海洋公域治理中发挥力量。在实践中,许多跨国公司已经在国家机构出现故障或不愿为公共利益做出贡献的情况下担任类似于国家的角色(Moon J., 2005)。虽然跨国公司不能像政府一样强制执行公民权利,但是其已经成为重要的政治行为者(Scherer G., 2006)。通过跨国公司政治参与,一些公司制定了渗透行业的标准,并改变所有参与者的规则,达到了治理的目的。同时,如图8-1所示,跨国公司也受国际组织的协调管理,以合理开发利用海洋公域的生物资源与空间资源,实现多元主体治理。目前,参与全球海洋公域治理的跨国公司巨头包括远洋渔业巨头、海上油气巨头与远洋航运巨头。远洋渔业巨头包括玛鲁哈日鲁(Maruha Nichiro)、日本水产、泰万盛(Thai Union)、耕海(Marine Harvest)、韩国东远(Dongwon Industries)、Cermaq、泰高(Nutreco)、嘉吉水产(Cargill Aqua Nutrition)、极洋(Kyokuyo)。海上油气巨头包括荷兰壳牌(Royal Dutch Shell)、英国石油公司(BP)、埃克森美孚(Exxon Mobil)、雪佛龙公司(Chevron Texaco)、道达尔公司(Total Fina Elf)、康菲石油公司(ConocoPhillips)。远洋航运巨头现由三大航运联盟2M+现代、Ocean Alliance、THE Alliance构成。其中,九大远洋渔业巨头于2017年9月在联合国海洋与沿海区域网络的协调下,共同签署协定,帮助铲除海上奴役性劳动在内的非法活动,还要防止过度捕捞。除此之外,其他海洋跨国公司也在国际海底管理局与国际海事组织的协调下,建立并维系着海洋公域产品市场的秩序。

第三节　人类命运共同体背景下中国海洋经济的发展趋势

"人类命运共同体"理念的内涵将在各个层面深刻影响着现阶段海洋经济的发展,以及未来海洋经济的走向。什么是"人类命运共同体"?人类命运共同体与海洋经济有何关联?如何在人类命运共同体的背景下发展中国海洋经济?这些都是当下需要明确的主要问题。

一、什么是"人类命运共同体"?

(一)"人类命运共同体"大事记

(1) 2011年《中国的和平发展》白皮书指出:经济全球化成为影响国际关系的重要趋势。不同制度、不同类型、不同发展阶段的国家相互依存、利益交融,形成"你中有我、我中有你"的命运共同体。这是中国首次提出"命运共同体"的概念。

（2）2012 年，中国共产党第十八次全国代表大会报告向世界郑重宣告：合作共赢，就是要倡导人类命运共同体意识，在追求本国利益时兼顾他国合理关切，在谋求本国发展中促进各国共同发展，建立更加平等均衡的新型全球发展伙伴关系，同舟共济，权责共担，增进人类共同利益。这是中国政府正式提出"人类命运共同体"的意识。

（3）2013 年 3 月，习近平在莫斯科国际关系学院发表演讲，第一次向世界传递对人类文明走向的中国判断："这个世界，各国相互联系、相互依存的程度空前加深，人类生活在同一个地球村里，生活在历史和现实交汇的同一个时空里，越来越成为你中有我、我中有你的命运共同体。"

（4）2015 年 9 月，在联合国成立 70 周年系列峰会上，习近平全面论述了打造人类命运共同体的主要内涵：建立平等相待、互商互谅的伙伴关系，营造公道正义、共建共享的安全格局，谋求开放创新、包容互惠的发展前景，促进和而不同、兼收并蓄的文明交流，构筑尊崇自然、绿色发展的生态体系。

（5）2016 年 G20 峰会上，习近平再次倡导共同体意识，以全球伙伴关系来应对挑战。在经济全球化的今天，没有与世隔绝的孤岛。同为地球村居民，我们要树立人类命运共同体意识。伙伴精神是二十国集团最宝贵的财富，也是各国共同应对全球性挑战的选择。

（6）2017 年 1 月，在联合国日内瓦总部，习近平在万国宫出席"共商共筑人类命运共同体"高级别会议，并发表题为《共同构建人类命运共同体》的主旨演讲，阐释了构建人类命运共同体的中国方案。

（7）2017 年 2 月，联合国社会发展委员会第 55 届会议日前协商一致通过"非洲发展新伙伴关系的社会层面"决议，首次写入"构建人类命运共同体"理念。

（8）2017 年 10 月 18 日，习近平同志在十九大报告中提出，坚持和平发展道路，推动构建人类命运共同体。

（9）2018 年 3 月 11 日，第十三届全国人民代表大会第一次会议通过的宪法修正案，将宪法序言第十二自然段中"发展同各国的外交关系和经济、文化的交流"修改为"发展同各国的外交关系和经济、文化交流，推动构建人类命运共同体"。

（二）"人类命运共同体"的内涵界定

（1）2012年，十八大报告中对"人类命运共同体"的广义界定："在追求本国利益时兼顾他国合理关切，在谋求本国发展中促进各国共同发展"。这里的"人类命运共同体"主要表达的是一种"立足国内，放眼世界的战略含义"，在国际体系中各个国家的基本行为逻辑，既是国家利益的延伸，也是国际利益的延伸，分享、合作、共赢、包容是"人类命运共同体"理念的内核。

（2）2014年，国际社会联盟对"人类命运共同体"的界定：人类在追求自身利益时兼顾他方合理关切，在谋求自身发展中促进人类共同发展。人类只有一个地球，共处一个世界，应以人类命运共同体意识促进国家间、民族间、地区间、企业间、家庭间、个人间的和谐互助、共生共利共荣，以人类文明幸福发展的可持续为使命，建立起社会利益互惠机制。人类命运共同体是人们在共同条件下结成的最具同心力的集体，也是人类获得文明幸福及可持续发展的保障。

（3）2016年，学者李爱敏在《"人类命运共同体"：理论本质、基本内涵与中国特色》中指出："人类命运共同体"，是21世纪初由中国共产党首先提出、倡导并推动的一种具有社会主义性质的国际主义价值理念和具体实践。它强调在多样化社会制度总体和平并存，各国之间仍然存在利益竞争和观念冲突的现代国际体系条件下，每一个国家在追求本国利益时兼顾他国合理关切，在谋求本国发展中促进各国共同发展，其核心理念是和平、发展、合作、共赢，其理论原则是新型义利观，其建构方式是结伴而不结盟，其实践归宿是增进世界人民的共同利益、整体利益和长远利益。

二、"人类命运共同体"与海洋经济有何关联？

"人类命运共同体"的理念从党内扩展到全国，从中国传播到世界，得到了普遍的认同。而与其核心理念"和平、发展、合作、共赢"的共生的"一带一路"的构想，为盘活世界经济，完善世界经济体制，给沿途国家经济发展创造条件，搭乘"中国制造"的共富之路"顺风车"提供了可能；"亚洲基础设施投资银行"的创建，为解决新兴国家"缺钱难办事"的困境，加快基础设施建设，使其赶上、融进世界发展大潮，走向共建、共享、共富的康庄大道提供了保障。可以说"一带一路"和亚投行是人类命运共同体的伟大实践。

(一)"一带一路"倡议

2013 年 9 月和 10 月由中国国家主席习近平分别提出建设"新丝绸之路经济带"和"21 世纪海上丝绸之路"的合作倡议。

2015 年 3 月 28 日,经国务院授权,发布了国家发展改革委、外交部、商务部制定的《推动共建丝绸之路经济带和 21 世纪海上丝绸之路的愿景与行动》,全面论述了"一带一路"的时代背景、共建原则、框架思路、合作机制和重点、中国的态度和行动等,其创新理念传播世界,分外瞩目。

2017 年 6 月 20 日,国家发改委和国家海洋局联合发布《"一带一路"建设海上合作设想》,这是继 2015 年发布《推动共建丝绸之路经济带和 21 世纪海上丝绸之路的愿景与行动》以来,中国政府首次将《远景》推进为"一带一路"建设提出具体实施的中国方案,也是"一带一路"国际合作高峰论坛成果之一。"21 世纪海上丝绸之路"贯穿亚欧非大陆,一端是活跃的东亚经济圈,一端是发达的欧洲经济圈,中间广大腹地国家,布局世界经济新格局,经济发展潜力巨大。顺应世界多极化、经济全球化、文化多样化、社会信息化的潮流,致力于维护全球自由贸易体系和开放型世界经济的稳定和发展,可以盘活全球经济,注入新的活力,有利于缓解当前经济低迷、复苏乏力的困境。海上新丝路已经不只是物流通道,而是同各国互联互通,紧密结合,将推动沿线各国发展战略的对接与耦合,促进经济要素有序自由流动、资源高效配置和市场深度融合,推动沿线各国实现经济政策协调,开展更大范围、更高水平、更深层次的区域合作,共同打造开放、包容、均衡、普惠的区域经济合作架构,进一步推动合作,重组高效、协调的世界经济功能区域,推动世界经济稳定、健康发展。

《"一带一路"建设海上合作设想》计划与沿线国家合作建设三条蓝色经济通道:根据 21 世纪海上丝绸之路的重点方向,将以中国沿海经济带为支撑,共同建设中国—印度洋—非洲—地中海蓝色经济通道;经南海向南进入太平洋,共建中国—大洋洲—南太平洋蓝色经济通道;以及共建经北冰洋连接欧洲的蓝色经济通道。显然,《海上合作设想》是传统"一带一路"的延伸和拓展,进一步推进中国与沿线国家战略对接和共同行动,推动建立全方位、多层次、宽领域的蓝色伙伴关系,利于保护和可持续利用海洋和海洋资源,实现共同发展;利于重组世界经济新格局,促进各国经济联系更趋紧密、互惠合作更加深入、发展空间更为广阔。

(二)亚洲基础设施投资银行

2013年10月2日,习近平主席访问印尼,在与苏西洛总统举行的会谈中,首次提出了筹建"亚洲基础设施投资银行"的倡议。2014年11月4日,习近平主持召开中央财经领导小组第八次会议,专题研究"一带一路"规划、发起建立亚洲基础设施投资银行和设立丝路基金。2016年12月25日,亚洲基础设施投资银行正式成立。中国是亚投行的发起国,在首个由中国倡议设立的多边金融机构中,勇于担当大国责任,发挥积极推动作用。亚太地区国家拥有75%的投票权,和其他全球性组织相比,这令较小的亚洲国家拥有更大的话语权。亚投行的建立增加了新兴市场国家和发展中国家的代表性和发言权,推动各国在国际经济合作中权利平等、机会平等、规则平等,推进全球治理规则民主化、法治化,努力使全球治理体制更加平衡地反映大多数国家意愿和利益。同时,亚投行作为保障"一带一路"资金畅通的重要机构,对于"一带一路"中海上合作设想的实现、海洋的开发利用和保护也起到了重要的资金支持作用,直接或间接地促进了海洋经济的发展。

通过以上实践,我们可以看到人类命运共同体与海洋经济的关联尤为紧密,"人类命运共同体"的崇高理念同"海洋是人类的共同财产"的海洋观念珠联璧合,因此从"人类命运共同体"理论的普世价值的观点来看,"人类命运共同体"的理念与海洋经济的发展及未来走势是息息相关的。

(三)海洋经济的发展机遇

"人类命运共同体"的理念与内涵与当前国内外海洋经济的发展趋势紧密呼应,为我国海洋经济的发展带来了前所未有的机遇。

首先,在世界范围内,历史的发展表明海洋经济已高度渗透到国民经济体系的各个领域内,成为国民经济的重要增长点,是拓展经济和社会发展空间的重要载体,是公认的衡量国家综合竞争力的重要指标,战略地位日益突出。"21世纪海上丝绸之路"与亚投行的推进将海洋实现沿线国家更加紧密的合作,助力海洋资源的可持续利用和发展,推进中国与沿线国家的经济共同增长。

其次,海洋经济已成为我国经济转型升级的重要选择和经济发展的新动力,海洋经济在国民经济中的地位日渐突出,通过"人类命运共同体"理念的实践将实现沿线国家间更加紧密的国际合作,有效促进生产要素的国际流动。借助于互联互通、港口建设等基础设施建设等,促进中国的对外直接投资,加快我国已经具备优势的要素进行国际转移,在促进沿线国家经济增长的同时,实现中国海洋经济的大发展,这将显著提高中国的全球竞争力。

再次,全球海洋经济重心向亚洲转移,在造船、海洋工程装备制造、海洋金融、航运、滨海旅游等诸多海洋产业中都在明显的体现,这为亚洲地区成为全球海洋经济新的中心创造了历史机遇,更是中国海洋经济的大发展的历史性机遇。通过经济形势的变化进而带来地缘经济和地缘政治的相应变化,促使中国在全球经济中确定新的定位,这将为中国国际海洋领域话语权的提升创造前所未有的新机遇。

在"人类命运共同体"的背景下,"21世纪海上丝绸之路"和亚投行的战略构想必将与海洋经济的发展趋势紧密相连,互相配合,为中国海洋经济的发展提供更多的发展机遇和更加广阔的发展空间。

三、如何在"人类命运共同体"的背景下发展中国海洋经济?

倡导构建人类命运共同体,以海洋思维发展蓝色经济,构建"全球海洋命运共同体",可以分为以下三个方面。

(一)海洋国际治理的互信共同体

海洋国际治理的内容非常广泛,包括海上恐怖主义、公海生态保护区、海洋垃圾、海洋酸化,以及极地、深海的开发利用和保护等。在新兴海洋大国崛起冲击原有力量格局,传统西方海洋强国地位下滑,且非国家行为体的角色和作用有所加强,海洋国际治理呈现主体多元化、分散化的趋势下,对于新兴海洋大国中国来说,必须主动作为,抓住参与全球海洋治理的关键时机。

海洋是人类社会赖以生存和可持续发展的共同空间和宝贵财富,保护海洋生态环境、推动海洋可持续发展、稳定海洋安全关系等,是全人类共同的职责和使命。全球海洋治理不是任何国家的"独角戏",所有国家都应责无旁贷地参与其中。全球海洋治理的最终目标也将超越单个国家,是国家利益与全人类共同利益的有机结合。

为参与全球海洋治理、打造海洋国际治理的互信共同体,我国应该促进海洋法治,加强沟通协调,稳步推进国际海洋法立法进程;搭建海洋生态监测、气候预报、航运信息等信息共享平台,加强海洋公共服务合作;深化海上执法人员交流与执法合作,有效应对海上安全威胁;创建国际海洋科技合作园,打造海洋大数据系统,推广"智慧海洋"建设等。

(二)海洋经济发展的利益共同体

首先,以"蓝色经济"为发展目标,打造蓝色伙伴关系网络。"蓝色伙伴关系"指在海洋领域以可持续发展为目标,以相互尊重、合作共赢为原则的合作伙伴关系。具体的做法是:增强政策沟通协调,共推蓝色发展战略对接;在多边、双边合作中注入蓝色经济理念,共建蓝色经济合作机制;完善蓝色经济发展指标,发布蓝色经济发展报告,共设蓝色经济标准;推动东北亚蓝色经济圈、环南海经济圈、欧洲经济圈建设,共用蓝色经济大通道。

其次,用好"21世纪海上丝绸之路"这一抓手,推进海洋基础设施建设,扩大港口联盟,提高海运物流效率;促进文化交流,便捷签证服务,挖掘海洋旅游合作潜力;协调地区国家在国际海洋通道、公海海域开发问题上的立场,积极维护共同利益。"一带一路"的倡议,开创了中国海洋的新时代。通过"一带一路"推动经济的全球化,合作共赢,就能够以海洋为载体,结成利益共同体。

(三)海洋生态保护的责任共同体

海洋是人类共同的家园,是实现可持续发展的宝贵空间,人类经济社会发展高度依赖海洋,而异常的气候、持续的污染以及一味的索取,都给海洋带来巨大的压力。中国作为一个负责任的、新兴的海洋大国,在"加快建设海洋强国"的目标的指引下,应该以"人类命运共同体"的时代背景作为机遇,加强与其他国家在深海、极地资源的开发利用方面的交流与合作;在海洋能、潮汐潮流能等清洁能源利用以及海水淡化等方面开展合作;对接联合国

《2030年可持续发展议程》，加强海洋生物多样性保护研究、污染防治、气候变化、蓝碳等国际合作，建立海洋生态保护的责任共同体，实现海洋经济可持续发展。

思考与练习

1. 中国提出"一带一路"建设倡议，其中"海上丝绸之路"的主要内容与重大意义是什么？

2. 在人类命运共同体建设的背景下，中国如何更好地参与全球海洋治理？

参考文献

[1] 周秋麟,周通. 国外海洋经济研究进展 [J]. 海洋经济,2011,(01):43-52.

[2] 陈万灵. 海洋经济学理论体系的探讨 [J]. 海洋开发与管理,2001,(03):18-21.

[3] 朱坚真,闫玉科. 海洋经济学研究取向及其下一步 [J]. 改革,2010,(11):152-155.

[4] 孙鹏,朱坚真. 海洋资源开发的经济学分析 [J]. 中国渔业经济,2010,(03):87-93.

[5] 刘曙光,姜旭朝. 中国海洋经济研究 30 年:回顾与展望 [J]. 中国工业经济,2008,(11):153-160.

[6] 姜旭朝,黄聪. 海洋产业演化理论研究动态 [J]. 经济学动态,2008,(08):84-98.

[7] 张莉. 海洋经济概念界定:一个综述 [J]. 中国海洋大学学报(社会科学版),2008,(01):23-26.

[8] 张祥国,李锋. 我国海洋资源价值及其开发的经济学分析 [J]. 生态经济,2012,(01):65-68,85.

[9] 高强,高乐华. 海洋生态经济协调发展研究综述 [J]. 海洋环境科学,2012,(02):289-294.

[10] 贾欣,尹萍,张宗英. 海洋生态补偿研究综述 [J]. 农业经济与管理,2012,(04):81-96.

[11] 姜旭朝,张继华. 中国海洋经济历史研究:近三十年学术史回顾与评价 [J]. 中国海洋大学学报(社会科学版),2012,(05):1-8.

[12] 都晓岩,韩立民. 海洋经济学基本理论问题研究回顾与讨论 [J]. 中国海洋大学学报(社会科学版),2016,(05):9-16.

[13] 程娜. 中外海洋经济研究比较及展望 [J]. 当代经济研究,2015,(01):49-54.

[14] 殷克东,王伟,冯晓波. 海洋科技与海洋经济的协调发展关系研究 [J]. 海洋开发与管理,2009,(02):107-112.

[15] 杨美丽,吴常文. 浅析我国海洋渔业经济可持续发展问题——从产业经济学角度 [J]. 中国渔业经济,2009,(03):12-15.

[16] 王琪,高中文,何广顺. 关于构建海洋经济学理论体系的设想 [J]. 海洋开发与管理,2004,(01):67-71.

[17] 黄南艳. 海洋环境管理中的经济学手段研究 [J]. 海洋信息,2004,(03):15-17.

[18] 韩增林,张耀光,栾维新,李悦铮,孙才志,刘桂春,刘锴. 海洋经济地理学研究进展与展望 [J]. 地理学报,2004,(S1):183-190.

[19] 曹忠祥,任东明,王文瑞,赵明义. 区域海洋经济发展的结构性演进特征分析 [J]. 人文地理,2005,(06):29-33.

[20] 殷克东,黄杭州,岳亮亮. 中国海洋经济计量研究的最新进展 [J]. 中国渔业经济,2013,(05):168-176.

[21] 徐质斌. 海洋经济与海洋经济科学 [J]. 海洋科学,1995,(02):21-23.

[22] 何翔舟. 我国海洋经济研究的几个问题 [J]. 海洋科学,2002,(01):71-73.

[23] 于光远. 谈一点我对海洋国土经济学研究的认识 [J]. 海洋开发,1984,(01):1-7.

[24] 王琪,何广顺,高忠文. 构建海洋经济学理论体系的基本设想 [J]. 海洋信息,2005,(03):12-16.

[25] 朱坚真. 海洋经济学 [M]. 高等教育出版社,2010:11-13.

[26] 刘曙光,姜旭朝. 中国海洋经济研究 30 年:回顾与展望 [J]. 中国工业经济,2008,(11):152-155.

[27] 朱坚真,闫玉科. 海洋经济学研究取向及其下一步 [J]. 改革,2010(11):152-155.

[28] 郭其友. 中国经济主体行为变迁研究 [D]. 厦门大学, 2001.

[29] 高鸿业, 刘文忻. 西方经济学: 微观部分(第五版) [M]. 北京: 中国人民大学出版社, 2010.

[30] 曹英志. 海域资源配置方法研究 [D]. 中国海洋大学, 2014.

[31] 李彬. 资源与环境视角下的我国区域海洋经济发展比较研究 [D]. 中国海洋大学, 2011.

[32] 乔翔. 海洋经济核算宗旨与原则刍议 [J]. 中国统计, 2011, (02): 55-56.

[33] 朱凌. 海洋经济核算体系 [J]. 海洋经济, 2012, (04): 62.

[34] 王刚, 刘晗. 海洋政策基本问题探讨 [J]. 中国海洋大学学报(社会科学版), 2012, (01): 16-20.

[35] 狄乾斌. 海洋经济可持续发展的理论、方法与实证研究 [D]. 辽宁师范大学, 2007.

[36] 胡麦秀. 上海海洋经济发展现状及其可持续发展的影响因素分析 [J]. 海洋经济, 2012, (04): 55-61.

[37] 刘明. 区域海洋经济可持续发展的能力评价 [J]. 中国统计, 2008, (03): 51-53.

[38] 马仁锋, 李加林, 赵建吉, 庄佩君. 中国海洋产业的结构与布局研究展望 [J]. 地理研究, 2013, (05): 902-914.

[39] 付晓东. 中国区域经济理论研究的回顾与展望 [J]. 区域经济评论, 2013, (02): 141-153.

[40] 郭丽芳. 沿海省市海洋经济政策效益比较研究 [J]. 福建论坛(人文社会科学版), 2014, (01): 159-162.

[41] 赵虎敬. 中美海洋经济政策比较 [J]. 人民论坛, 2014(14): 230-232.

[42] 徐云松. 区域经济理论: 历史回顾与研究评述 [J]. 石家庄铁道大学学报(社会科学版), 2014, (03): 8-12, 25.

[43] 赵秀丽, 纪红丽. 产业经济理论的回顾与发展 —— 基于网络的视角 [J]. 税务与经济, 2011, (02): 12-16.

[44] 马洪芹. 我国海洋产业结构升级中的金融支持问题研究 [D]. 中国海洋大学, 2007.

[45] 王克桥,朱杰.对海洋经济核算方法的初步探讨[J].统计研究,2008,（11）:92-95.

[46] 张玉洁,张杰,郑莉.绿色海洋经济核算模型研究[J].统计与决策,2015,（11）:35-39.

[47] 高一兰,黄晓野.海洋经济核算数据质量分析新方法及案例分析[J].海洋经济,2016,（03）:55-62.

[48] 狄乾斌,韩增林,孙迎.海洋经济可持续发展能力评价及其在辽宁省的应用[J].资源科学,2009,（02）:288-294.

[49] 朱坚真,闫玉科.海洋经济学研究取向及其下一步[J].改革,2010,（11）:152-155.

[50] 联合国海洋法公约（United Nations Convention on the Law of the Sea）[M].北京:法律出版社,1996.

[51] Jonathan. International Maritime Boundaries, Vol. 1-4.

[52] Fisheries Case（United Kingdom v. Norway）. Judgment of IS December 1951.

[53] Jin Yongming. The Impact and Influence of the South China Sea Arbitration on the Law of the Sea [M]. China Legal Science, 2017.

[54] 联合国网站(英文版)：International Law of the Sea. http://www. un. org /Depts/ los/ index. Htm.

[55] （荷）格劳秀斯,马忠法译.论海洋自由[M].上海:上海人民出版社,2005.

[56] 金永明.海洋问题时评—第一辑[M].北京:中央编译出版社,2015.

[57] 金永明.中国海洋法理论研究[M].上海:上海社会科学院出版社,2016.

[58] 中华人民共和国外交部条法司.领土边界事务国际条约和法律汇编[M].北京:世界知识出版社,2006.

[59] 马克思主义理论研究.国际公法学[M].北京:高等教育出版社,2016.

[60] 于谨凯.海洋产业经济研究:从主流框架到前沿问题[M].北京:经济科学出版社,2016.

[61] 国家海洋局.中国海洋经济发展报告2015[M].北京:海洋出版社,

2015.

[62] 海洋发展战略研究所课题组. 中国海洋发展报告 2017[M]. 北京:海洋出版社, 2017.

[63] 朱坚真. 海洋经济学—第二版 [M]. 北京:高等教育出版社, 2016.

[64] 李国选. 南海问题与中国南部地缘安全 [J]. 中国石油大学学报(社会科学版), 2014, (04): 42-48.

[65] 刘惠荣. 海洋行政执法理论 [M]. 北京:海洋出版社, 2013.

[66] 刘惠荣、田杨洋. 沿海国专属经济区内外国军事活动管辖权辨析 [J]. 中国海洋大学学报, 2014, (03): 14-19.

[67] 张健. 中国与国际海洋法谈判关系研究—以中国参与第三次联合国海洋法会议为例 [D]. 南京大学硕士学位论文, 2016.

[68] 谢昕. 远洋群岛领海基线制度探析—兼论南海地区群岛水域法律制度的构建 [D]. 华东政法大学硕士学位论文, 2016.

[69] 马婧. 论外国军舰在领海的无害通过权 [D]. 华东政法大学硕士学位论文, 2009.

[70] 李令华. 英挪渔业案与领海基线的确定 [J]. 现代渔业信息, 20(2): 26-28.

[71] 李玉鹏, 姚慧慧, 李尚. 我国毗连区案件管辖权立法完善研究 [J]. 公安海警学院学报 [J]. 2016, 15(3): 14-18.

[72] 司玉琢. 面向海洋世纪确立海法研究体系 [J]. 中国海商法年刊, 2010, (2): 1-2.

[73] 沈粉梅. 论中国对专属经济区的执法管辖权 [D]. 华东政法大学硕士学位论文, 2015.

[74] 周新. 海法视角下的专属经济区主权权利 [J]. 中国海商法研究, 2012, 23(4): 87-96.

[75] 李永. 历史性权利与大陆架关系初论——兼议中国在南海大陆架上的历史性权利 [J]. 海南大学学报人文社会科学院, 2017, 35(4): 1-9.

[76] 杨瑛. 用于国际航行的海峡制度对平时海上军事活动的影响 [J]. 时代法学, 2016, 14(4): 114-121.

[77] 朱靖, 黄寰. 自然灾害与经济增长的关系 [N]. 光明日报, 2012-09-

12.

[78] 邓枭雄. 经济中的宏观与微观 [J]. 中国外资月刊, 2012, (6): 180.

[79] 国家海洋局. [EB\OL]. http://www.soa.gov.cn/zwgk/hygb/zghyzhgb /201603/t20160324_50521.html, 2016-3-24.

[80] 国家海洋局. [EB\OL]. http://www.soa.gov.cn/zwgk/hygb/zghyzhgb /201703/t20170322_55290.html, 2017-3-22.

[81] 熊红芳. 论公共资源的外部性问题 [J]. 粤港澳市场与价格, 2009, (7): 29-32.

[82] 姚进. 海洋经济呼唤保险业护航 [N]. 经济日报, 2016-06-02.

[83] 国家海洋局. [EB\OL]. http://www.soa.gov.cn/zwgk/zcgh/ybjz/201707/ t20170731_57183.html.

[84] 黄葛炎, 陈圆. 打造海洋环境立体观测网络 [N]. 中国海洋报, 2013-02-26.

[85] 陈思行. 菲律宾的海洋渔业 [J]. 海洋渔业. 1984, (3): 140-142.

[86] 陈思行. 挪威海洋渔业概况 [J]. 海洋渔业. 2001, (11): 193-195.

[87] 高田义, 汪寿阳, 乔晗, 高斯琪. 国际标杆区域海洋经济发展比较研究 [J]. 科技促进发展. 2016, 12(2): 185-195.

[88] 顾自刚. 发达国家海洋经济发展经验对浙江的启示 [J]. 宁波广播电视大学学报. 2013, 11(2): 25-27.

[89] 郭淼. 中美水产品贸易特征及其比较分析 [J]. 上海水产大学学报. 2008, 17(2): 232-237.

[90] 郭守前. 国际海洋新秩序及其对我国海洋经济的影响 [J]. 湛江海洋大学学报. 2004, 24(2): 1-7.

[91] 国家海洋局. [EB\OL] http://www.coi.gov.cn/gongbao/jingji/201603/ t20160308_33765.html, 2016.

[92] 李文荣. 海陆经济互动发展的机制探索 [M]. 北京, 海洋出版社, 2010.

[93] 刘明, 刘容子. 法国海洋经济和海洋劳动就业分析 [J]. 海洋经济. 2005, (1): 61-64.

[94] 美国海洋政策委员会. 21世纪海洋蓝图, 2004.

[95] 千勇,金健人.扩大中韩海洋合作的对策性研究 [J].韩国研究丛
论.2015,(4):238-250.

[96] 乔俊果.菲律宾海洋产业发展态势 [J].亚太经济.2011,(4):71-76.

[97] 日本内阁官方综合海洋政策本部.海洋产业发展状况及海洋振兴相关
情况调查报告 2010,2011.

[98] 孙远胜.中韩油气产业国际合作研究 [D].中国海洋大学,2010.

[99] 王林.从越南的海洋经济发展分析其南海主权争议战略 [J].亚太安
全与海洋研究.2016,(5):45-58.

[100] 王加林.简述挪威海洋科技发展战略与海洋产业的发展 [J].2003:
88-101.

[101] 王占坤,林香红,周怡圃.主要国家海洋经济发展情况和趋势 [J].海
洋经济.2013,3(4):88-96

[102] 吴崇伯.中国—印尼海洋经济合作的前景分析 [J].人民论坛,学术
前沿.2015,(1):74-85.

[103] 杨程玲.印尼海洋经济的发展及其与中国的合作 [J].亚太经济,
2015,(2):69-72.

[104] 张坤珵."大衰退"对美国海洋经济的影响—基于 2005-2010 年美国
主要海洋产业的数据分析 [J].海洋信息,2015,(11):59-64.

[105] 张梅.中国与南非携手发展海洋经济 [J].中国投资,2016,6:64-65.

[106] 张艳茹,张瑾.当前非洲海洋经济发展的现状、挑战及未来展望 [J].
现代经济探讨,2016,(5):89-92.

[107] 张耀光,刘锴,刘桂春,王泽宇,张春红,许淑婷,李潭.基于海洋经
济地理视角的中国与加拿大海洋经济对比 [J].经济地理,2012,
32(12):1-7.

[108] 赵锐.美国海洋经济研究 [J].海洋经济,2014,4(2):53-62.

[109] 朱凌,日本海洋经济发展现状及趋势分析 [J].海洋经济,2014,(4):
47-53.

[110] Itoh S. China's surging energy demand:trigger for conflict or cooperation
with Japan[J]. East Asia, 2008,(25):79-98.

[111] Kildow J T, Mellgorm A. The importance of estimating of the oceans to

national economics[J]. Marine Policy. 2003,（34）：367-374.

[112] Zou K Y. Sino-Japanese joint fishery management in the East China Sea[J]. Marine Policy. 2003, 27: 125-142.

[113] Colgan C S. Measurement of the Ocean and Coastal Economy: Theory and Methods[M], National Ocean Economic Project, 2003.

[114] 白福臣. 中国沿海地区海洋经济可持续发展能力评价研究 [J]. 改革与战略. 2009, 25(4): 136-138.

[115] 陈敏尔. 增强海洋经济核心竞争力建设浙江海洋经济发展带 [J]. 今日浙江, 2010,（2）: 14-15.

[116] 陈万灵. 关于海洋经济的理论界定 [J]. 海洋开发与管理, 1998, 3: 30-34.

[117] 狄乾斌, 徐东升. 海洋经济可持续发展的系统特征分析 [J]. 海洋开发与管理, 2011,（1）: 49-53.

[118] 国家海洋局. 中华人民共和国海洋产业标准 / 海洋经济统计分类与代码 HY/TO52-1999, 1999.

[119] 国家海洋局. 中国海洋统计年鉴 [M]. 北京: 海洋出版社, 2014.

[120] 国家海洋局. 2015 年中国海洋经济统计公报. http://www. soa. gov. cn/zwgk/hygb/zghyjjtjgb/2015njjtjgb/. 2016a.

[121] 国家海洋局. 2015 年中国海洋环境质量公报. http://www. coi. gov. cn/gongbao/nrhuanjing/nr2015/. 2016b.

[122] 国务院办公厅. 全国海洋经济发展规划纲要, 2004.

[123] 韩增林, 刘桂春. 海洋经济可持续发展的定量分析 [J]. 地域研究与开发, 2003, 22(3): 1-4.

[124] 洪伟东. 海洋经济概念界定的逻辑 [J]. 海洋开发与管理. 2015,（10）: 97-101.

[125] 李锋, 徐兆梨. 环南海五国三省区海洋经济竞争力评价与合作策略 [J]. 湖南科技大学学报（社会科学版）, 2015, 18(5): 66-72.

[126] 李怀宇, 王洪礼, 郭嘉良, 冯剑丰. 基于 DEA 的天津市海洋生态经济可持续发展评价 [J]. 海洋技术. 2007, 26(3): 101-104.

[127] 李小建. 经济地理学 [M]. 北京: 高等教育出版社, 2006.

[128] 梁进社,孔健.基尼系数和变差系数对区域不平衡性度量的差异 [J]. 北京师范大学学报:自然科学版,1988,34(3):409-413.

[129] 刘波.海洋可持续发展的系统动力学机制研究 [D].天津:天津大学, 2003.

[130] 刘明.区域海洋经济可持续发展能力评价指标体系的构建 [J].经济与管理,2008,22(3):32-35.

[131] 刘明,徐磊.我国海洋经济的十年回顾与 2020 年展望 [J].宏观经济研究,2011,(6):23-28.

[132] 权锡鉴.海洋经济学初探 [J].东岳论丛.1986,(4):20-25.

[133] 王占坤,林香红,周怡圃.主要国家海洋经济发展情况和趋势 [J].海洋经济,2013,3(4):88-96.

[134] 伍业锋.中国海洋经济区域竞争力测度指标体系研究 [J].2014, 31(11):29-34.

[135] 许淑婷,关伟.中国沿海地区海洋经济竞争力研究 [J].生产力研究, 2014,(7):26-29.

[136] 尹紫东.系统论在海洋经济研究中的应用 [J].地理与地理信息科学, 2003,(3):80-83.

[137] 张德贤.海洋经济可持续发展理论研究 [M].青岛:青岛海洋大学出版社,2000.

[138] 张红霞,王学真.山东省地区经济差距的地带与产业来源分解 [J]. 地理科学,2014,34(8):955-962.

[139] 张莉.海洋经济概念界定:一个综述 [J].中国海洋大学学报(社会科学版),2008,(1):23-26.

[140] 张鹏,王艳明.山东省海洋经济实力评价分析 [J].山东工商学院学报,2016,(30):33-40.

[141] 张耀国,刘锴等.中国和美国海洋经济与海洋产业结构特征对比 [J]. 地理科学,2016,36(11):1614-1621.

[142] 赵珍.海洋经济竞争力影响因素及评价模型研究 [J].海洋开发与管理,2013,(11):79-83.

[143] 王义民,万年庆.马汉"海权论"对近代中国海军缘何影响甚微 [J].

许昌学院学报，2006（3）：113.

[144] Charles. S. Colgan. the changing ocean and coastal economy of the United States：a briefing paper for conference participant‐s［EB/OL］.（2003‐10‐22）. http//：www. ocean. us/documents/docs/wavescolgan. pdf.

[145] 姜旭朝，张继华. 中国海洋经济历史研究：近三十年学术史回顾与评价［J］. 中国海洋大学学报（社会科学版），2012（5）：1.

[146] 刘曙光，姜旭朝. 中国海洋经济研究 30 年：回顾与展望［J］. 2008（11）：153.

[147] 杨金森. 发展海洋经济必须实行统筹兼顾的方针—中国海洋经济研究［C］. 北京：海洋出版社，1984.

[148] 徐质斌. 建设海洋经济强国方略［M］. 济南：泰山出版社，2000.

[149] 夏济人，夏振坤. 军事经济新概念及其发展特性［J］. 2003（8）：33.

[150] 佚名. 钱利华：发展海洋经济需要军事力量提供安全保护［N］. 中国网，2013‐03‐10.

[151] 傅承敏. 世界各国海洋专属经济区排名，中国海洋面积不及日本排名第十［N］. 新浪博客，2015‐09‐10.

[152] 佚名. 国家海洋局宣教中心领导率队到海南推介海博会［N］. 2016 年中国海洋经济博览会，2017‐02‐28.

[153] 竺子华. 从海洋大国到海洋强国［N］. 解放军报，2015‐04‐07.

[154] 交通运输部东海航海保障中心成立四周年纪实［N］. 中国政府网，2016‐12‐27.

[155] 万俊斌. 中国海运物流产业及企业竞争现状探析［J］. 物流技术与应用，2018，23（08）：140‐144.

[156] 张海柱. 政府工作报告中的海洋政策演变——对 1954—2015 年国务院政府工作报告的内容分析［J］. 上海行政学院学报，2016，17（03）：105‐111.

[157] 张琦. 我国海运服务贸易国际竞争力研究［D］. 中国海洋大学，2014.

[158] 廖泽芳，朱坚真. 中国海洋运输业竞争态势分析 —— 兼与世界海洋运输强国的比较［J］. 海洋经济，2013，3（02）：23‐27，35.

[159] 陈雪玫, 蔡婕. 我国海洋运输业集群的实证分析及政策建议 [J]. 海洋开发与管理, 2008(12): 68-70.

[160] 于谨凯, 张婕. 海洋产业政策类型分析 [J]. 海洋信息, 2007(04): 17-20.

[161] 徐璐. 我国高端海洋产业发展政策研究 [D]. 广东海洋大学, 2014.

[162] 吕芳华. 我国海洋新兴产业发展政策研究 [D]. 广东海洋大学, 2013.

[163] 张浩川, 麻瑞. 日本海洋产业发展经验探析 [J]. 现代日本经济, 2015(02): 63-71.

[164] 李巧稚. 国外海洋政策发展趋势及对我国的启示 [J]. 海洋开发与管理, 2008(12): 36-41.

[165] 刘欢, 杨德进, 王红玉. 国内外海洋旅游研究比较与未来展望 [J]. 资源开发与市场, 2016, 32(11): 1398-1403.

[166] 蔡礼彬, 王晨琳. 近年来国外海洋旅游研究综述 [J]. 旅游论坛, 2017: 1-10.

[167] 张茗. 全球公域: 从"部分"治理到"全球"治理 [J]. 世界经济与政治, 2013(11): 57-77.

[168] 韩雪晴, 王义桅. 全球公域: 思想渊源、概念谱系与学术反思 [J]. 中国社会科学, 2014(6): 188-202.

[169] Ostrom E, Burger J, Field C B, et al. Revisiting the commons: local lessons, global challenges. [J]. Science, 1999, 284(5412): 278-282.

[170] Hotelling H. The economics of exhaustible resources [J]. Journal of Political Economy, 1931(39): 137-175.

[171] Krutilla J V. Conservation Reconsidered [J]. American Economic Review, 1967, 57(4): 777-786.

[172] Krutilla J V, Fisher A C. The economics of natural environments: studies in the valuation of commodity and amenity resources [M]. Rff the Johns Hopkins Press, 1975.

[173] Daly H E. The economic growth debate: What some economists have learned but many have not [J]. Journal of Environmental Economics &

Management，1987，14（4）：323-336.

[174] Robert Costanza. What is ecological economics?[J]. Ecological
Economics，1989，1（1）：1-7.

[175] Costanza R，D'Arge R，Groot R D，et al. The value of the world's
ecosystem services and natural capital 1[J]. Nature，1999，387（1）：3-15.

[176] "人类命运共同体"大事记——国际——人民网[EB/OL]. http://
world. people. com. cn /n1/2017/0709/c1002-29392217. html.

[177] 张纪. 中国梦：铸就人类命运共同体——对话九三学社中央副主席、
中国工程院院士丛斌[J]. 党建，2013（11）：42-44.

[178] 2015 年度人类命运共同体研究项目正式启动[EB/OL]. http://
www. rmlt. com. cn/2014/1224/363838. shtml，2014-12-24.

[179] 李爱敏. "人类命运共同体"：理论本质、基本内涵与中国特色[J].
中共福建省委党校学报，2016（02）：96-102.

[180] 陆儒德："人类命运共同体"理论的重要实践[EB/OL]http://www.
hellosea. net/teyue/2017-09-01/43748. html.